纺织服装教育"十四五"部委级规划教材

环 境 艺 术 / 园 林 景 观 设 计 专 业 系 列 教 材

景观设计手绘表现

JINGGUAN SHEJI SHOUHUI BIAOXIAN

邓蒲兵 著　　　　　　　　　　　　　第三版

东华大学出版社 · 上海

图书在版编目（CIP）数据

景观设计手绘表现/邓蒲兵著 . - - 3 版 - - 上海：东华大学出版社，2023.3
ISBN 978-7-5669-2173-4

I. ①景… II. ①邓… III. 景观设计 - 绘画技法 - 教材 IV. ① TU986.2

中国国家版本馆 CIP 数据核字 (2023) 第 021935 号

责任编辑：谢 未
版式设计：王 丽
封面设计：Ivy哈哈

景观设计手绘表现（第三版）
Jingguan Sheji Shouhui Biaoxian

著　者：邓蒲兵
出　版：东华大学出版社
（上海市延安西路 1882 号　邮政编码：200051）
出版社网址：http://dhupress.dhu.edu.cn
天猫旗舰店：http://dhdx.tmall.com
营销中心：021-62193056　62373056　62379558
印　刷：上海万卷印刷股份有限公司
开　本：889 mm x 1194 mm　1/16
印　张：10
字　数：352 千字
版　次：2023 年 3 月第 3 版
印　次：2024 年 8 月第 2 次印刷
书　号：978-7-5669-2173-4
定　价：59.00 元

阳光与手绘（代序）

改革开放40多年来，中国的国力渐强，民众的购买力也在增长，对于环境保护、环境设计与景观艺术建设也越来越重视。优雅的环境与民众生活质量、幸福感息息相关，具有艺术美的景观环境是建立和谐社会不可或缺的因素。邓蒲兵《景观设计手绘表现》一书的编辑出版可谓恰逢其时，给我们环境艺术设计锦上添花。书中案例是邓蒲兵本人真才实学加上阳光心态和艺术实战的表现，深入浅出地阐述了景观设计手绘艺术的方方面面。读他的书就能收获一份阳光手绘心情。

手绘精神，很重要的就是阳光精神。心中有阳光的艺术人才能在手绘设计创作上灿烂如虹，多姿多彩。心境长期郁闷者难以做出好设计，也难练就手绘功夫。阳光对于自然界万物的基本生存是必不可少的。人类自身需要阳光不单是为了接受适量的紫外线照射以增进健康，我认为阳光于人类（陆地所有动物）也应同样会发生"光合作用"，不然，为什么久不见阳光的人会萎靡不振？和煦的阳光下我们都有心情愉悦感，阳光催人奋进、让人生命力旺盛……哪怕是在烈日炎炎下劳作，虽然身上被晒得火辣辣的，但日晒后浑身上下储存的那股阳光能量，常能转换为独有的轻松自信感。这感觉对人的心情、心态、心智都会产生巨大影响。没机会在烈日下劳作的人常去沙滩日光浴，恐怕这除了求健康外也是在寻求阳光下的爽朗心情吧！阳光存在于宇宙空间，决定人类及地球自然界的命运，影响世间万物生长。古人热衷于推崇太阳为神，我对此很认可。因为的确是太阳的光辉润泽了世世代代的人类。我同时认可人心中也存在"阳光之神"，主宰我们心中的一切，从而影响到我们日常生息的一切。心中阳光决定我们人生心态，有阳光心态的人才会活得灿烂，才会出好的成果！练习手绘就应该先注阳光手绘于心中。

邓蒲兵是个很棒的阳光艺术人……一脸一心艺术灿烂。他的艺术设计手绘就是一片片灿烂阳光，心中有阳光，手绘才阳光，设计出的景观才阳光！读邓蒲兵手绘书会给读者心中缓缓注入和煦阳光。心具阳光就不怕练不好手绘，就不怕做不好景观艺术设计！

余工

2022 于庐山艺术训练营

目 录

第1章 景观设计 手绘草图 CHAPTER

1.1 景观设计手绘草图的内涵与意义

　　手绘草图是设计师必不可少的一门基本功，是设计师表达设计理念、表现方案结果最直接的"视觉语言"。在设计创意阶段，草图能直接反映设计师构思时的灵光闪现，它所带来的结果往往是无法预见的，而这种"不可预知性"，正是设计原创精神的灵魂所在。草图所表达的是一种假设，而设计创意本身就是假设再假设，用草图来表达这种假设十分方便，它不是一个目标，而是一种手段和过程，是对空间进行思考与推敲、再经过一系列思维碰撞而产生的灵感的火花。手绘草图也是一种语言，能快速记录设计师的分析和思考内容，也是设计师收集设计资料、表达设计思维的重要手段。同时，作为一门艺术，手绘图因为表现者的修养而呈现出丰富多彩的艺术感染力，这些都是计算机图无法比拟的（图 1-1、图 1-2）。

　　手绘草图是一种图示思维方式，图示思维方式的根本点是形象化的思考和分析，设计师把大脑中的思维活动延伸到外部，通过图形使之外向化、具体化。在数据组合及思维组成的过程中，草图可以协助设计师将种

图1-1　手绘草图创意分析（马晓晨）

图1-2　重庆大竹林会所中庭草图（庞美赋）

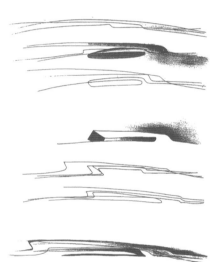

图1-3 扎哈·哈迪德的 LFone 园艺展廊草图

图1-4 概念设计草图（马晓晨）

种游离、松散的概念用具体的、可见的视图表述出来。在发现、分析和解决问题的同时，设计师通过手对线条的勾勒而使头脑中的思维形象跃然纸上，其所勾勒的形象则通过眼睛的观察又被反馈到大脑，从而刺激大脑作进一步的思考、判断和综合，如此循环往复，最初的设计构思也随之愈发深入、完善。在与同事、其他专业人员以及相关部门进行交流、协调的过程中，草图是不可替代的最为方便、快捷、经济和有效的媒介。当然，要做到有效的交流，需要选择最清楚的表达方式。技巧娴熟、绘制精良的草图有时甚至可以征服他人，使观者相信设计师的能力，从而为设计师的后续工作创造理解和信任的工作氛围。

设计往往开始于那些粗略的草图，草图能够使创造性意象在快速表现中迸发，在冷静思考中成熟。手绘草图是创作思维的外在表现。笔可以"思考"，手绘草图水平到一定程度就能笔下生花。如弗兰克·盖里，在他扭曲的、蜿蜒的、有节制的、颤动的草图线条中，产生了毕尔巴鄂古根海姆博物馆。扎哈·哈迪德在她的建筑画作品中表现出对电影情境的经营，似乎是在探索潜意识的世界，构筑自己的乌托邦。她对建筑施以外科手术，刻意营造瞬间的爆发、添加、重组、缝合。哈迪德的设计概念展示了建筑的自由和空间穿透的可能性（图1-3）。

在实际设计工作时，景观手绘草图更加侧重于使用快速而便捷的工具，以最高效的手段表达设计。它更多的时候强调的是快速表达自己的思想，草图的绘制过程既是设计表达的一部分，也是设计构思的内容，不断生成的草图还会对设计构思产生刺激作用。设计开始阶段，通常是运用图解分析，如泡泡图、系统图等理清功能空间关系，然后运用二维的平面草图与剖面草图来初步构思方案的内部功能与空间形象。由于通过想象得到的形象是不稳定且易变的，只有将它用视觉化的方法记录下来，才能真正实现形象化。

草图在视觉上是潦草、粗略的，但却蕴涵可以发展的各种可能，在设计构思过程中，首先，可以用相对模糊的线条忽略细节，从大局入手，快速地确定大的、主要的设计构想。然后，用半透明的硫酸纸蒙在前一张草图上勾画新的设计构思，从而形成对设计发展甄别、选择、排除和肯定的过程。这样既能保留已被肯定的设计内容，又可以看出设计过程，提高草图设计的效率，设计师则可以避免因过早纠缠于细节问题而影响对整体的判断（图1-4）。

　　随着设计的深入，被肯定的设计内容越来越多，设计的精细度要求也越来越高。显而易见，绘制草图能够促进设计概念的形成，如图 1-5、图 1-6 居住区方案设计的构思过程，展示了从草图到概念设计的过程。在设计构思阶段，主要的表达形式就是设计草图，虽然看起来粗糙、随意，不规范，但它常常记录了设计师的灵感火花。正因为它的"草"，多数设计师才乐于借助它来思考，这正是手绘草图的魅力所在。

图1-5、图1-6 桂林三金花园景观设计概念方案（秦志敏）

图1-7 居住小区景观概念设计草图（王珂，柏涛景观设计公司）

1.2 景观手绘草图的类别

景观手绘表现的形式各样，风格迥异，其中不乏严谨工整、简明扼要的，也不乏粗犷奔放、灵活自由的，更不缺乏质感真切、精细入微的。无论哪一种表现手法，都建立在对景观手绘表现基本特征的深入了解基础上，不在于谁优谁劣，关键在于什么阶段，什么条件下使用最方便，易于发挥设计师的灵感与艺术创造性（图1-7）。

1.2.1 记录性草图

作为景观设计师，需要不断地完善与丰富自己的设计素材库，记录性草图就是一种很好的记录手段与工具。作为一种图形笔记，其内容很多时候源于生活中的一些随笔。设计师看见一些好的设计作品，很随意地勾画几笔，快速地记录下来，就能在脑海里形成一个深刻的印象。出去采风考察时也可随身带一个速写本，记录随时迸发的灵感火花。经常进行这种资料的收集，日积月累，就能在大脑里形成一个巨大的资料库（图1-8~图1-10）。

图1-8 记录性表现图（邓蒲兵）

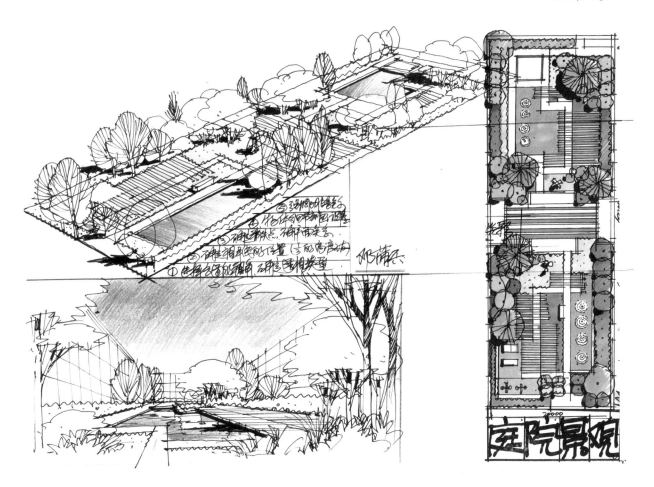

图1-9 庭院景观快速草图表现（邓蒲兵）

图1-10 滨水景观快速记录性草图表达（邓蒲兵）

　　手绘草图是一种记录手段，与笔记、摄影、录像、录音一样，在设计的资料调研阶段，草图可以用来巩固视觉数据的记忆，将视觉数据作具体、快速的表达或记录。这种记录要求清晰、准确，有时随着思维的深入，前期的调研和记录工作需要不止一次地反复进行。

1.2.2 快速设计构思草图

设计师在进行设计创作过程中，在观察物象的同时，常常会在大脑中将视觉数据进行分析与组合，这时草图可用来记录设计师对视觉数据进行初始化分析和想象的过程。设计是对设计条件不断协调、评估、平衡，并决定取舍的过程，在方案设计的开始阶段，设计师最初的设计意象是模糊而不确定的，草图能够把设计过程中偶发的灵感以及对设计条件的协调过程，通过可视的图形记录下来。这种绘图方式的再现，是抽象思维活动最适宜的表现方式，能够把设计思维活动的某些过程和成果展示出来（图 1-11）。 当我们拿到一个设计项目时，常常会对项目进行空间分析与推敲，在推敲的过程中慢慢形成自己的一些想法，经过反复几次这样的过程，方案开始进一步地确定，同时在进行设计草图的修改中往往会有一些意想不到的收获。草图是运用图示的形式来进行推进思维的活动，用图示来发现问题，尤其是方案开始阶段，运用直接手绘草图的形式把一些不确定的抽象思维慢慢地图示化，捕捉偶发的灵感以及具有创新意义的思维火花，一步一步地实现设计目标。设计的过程是发现问题、解决问题的过程，设计草图的积累可以培养设计师敏锐的感受力与想象力。

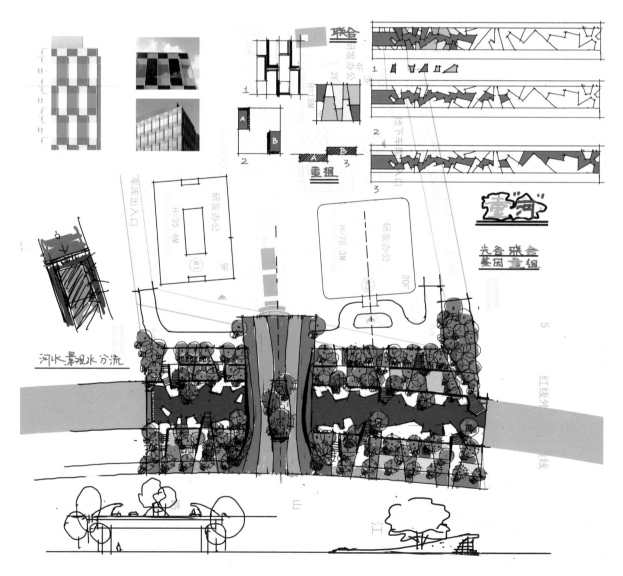

图1-11 滨水景观概念设计构思（柏影）

1.2.3 手绘效果图

正式的效果表现图一般会在设计最终完成的阶段绘制。这个时候的正式效果图画面结构严谨,材质色彩和光影布局准确,在画最终效果图的时候偶尔会借助尺子或者模型等工具,适当运用尺子更容易获得准确而有力的线条。这种手绘效果图最大尺度地接近真实环境氛围。然而景观手绘效果图既不能像纯绘画那样过于主观随意地表达想法,也不能像工程制图那样刻板,要在两者之间做到艺术与技术兼备,一般来说应具备以下几点:

(1)空间整体感强,透视准确;

(2)比例合理,结构清晰,关系明确,层次分明;

(3)色彩基调鲜明准确,环境氛围渲染充分;

(4)质感强烈,生动灵活(图 1-12 ~图 1-15)。

图1-12 景观设计手绘效果图(邓蒲兵)

图1-13 景观设计手绘效果图（邓蒲兵）

图1-14 景观建筑效果图（邓蒲兵）

图1-15 景观设计手绘效果图（邓蒲兵）

1.2.4 电脑手绘草图新概念

在当前设计中，利用电脑制作完成大部分工作与图纸的表达，是对绘画行为的一种取代，而我们所介绍的电脑手绘与传统的电脑制作不同，电脑手绘是利用电脑触屏的功能区创造出更富有创意的设计，大大提高工作效率与便捷性。

电脑手绘能够将真实的手绘特性、创作优势与电脑进行完美的结合，发挥出各自的优势，而进行电脑手绘创作的学习却非常简单便捷，一般我们采用的是Wacom的21英寸左右的电脑手绘屏，适合作大型平面图绘制与绘图用，而11英寸Thinkpad yoga s1的笔记本电脑则非常适合随身携带，出差或参加会议时也很实用，两者都自带一支手写笔，能够自由地在屏幕上进行绘制。手写笔在使用方面和正常的握笔没有什么区别，可以模仿很多的笔触感觉，能满足基本的设计创意需求。

这里的图例是利用 Sketchbook Pro绘图软件绘制的，它非常容易掌握，可以在上面自由发挥你的创想，它减少了扫描图纸的程序，大大提高了工作效率（图 1-16、图1-17）。

图1-16 地铁站电脑手绘草图设计（柏影）

图1-17 电脑手绘草图设计（柏影）

1.3 手绘快速学习的方法与技巧

概念草图大多是直接手绘的，这就要求设计师必须具备一定的艺术绘画功底。画好设计草图需要养成坚持的习惯，同时需要一段时间的艰苦技术训练。在当今这个计算机绘图的时代，作为设计师，更要强调草图的重要性，并对其深入研究，充分体现设计的原创意识。画好概念草图需要做好以下几点：

1. 拥有一个画好草图的信念

人人都能学会画草图，即便是一些没有美术基础的人，经过一定的训练也能够画好草图，许多技法娴熟的设计师最初的作品也很稚拙，但只要勤于练习，制定一个合理而有效的学习目标，在长期努力中，快速手绘的能力就会日益提高。

2. 临摹与写生

首先，临摹优秀作品是提高手绘能力的一个重要手段。选择一些有代表性的作品进行针对性的学习，在临摹的过程中体会各种工具的使用技巧，能够事半功倍。临摹一般由简单的空间开始，比较容易控制画面。在临摹的过程中一定要带着思考去学习，而不是简单地临摹。这个过程可以提高我们对各种表现工具的认识和基本技法的掌握。其次就是写生，设计草图很多时候往往都是以速写的形式出现的，速写能够提高我们快速思考的能力，同时不断地提高我们对空间快速概括与提炼线条的能力（图 1-18、图 1-19）。

图 1-18　欧洲建筑钢笔淡彩写生（邓蒲兵）

图 1-19 欧洲街道建筑钢笔淡彩写生（邓蒲兵）

3. 把手绘草图养成一种习惯

养成一个经常手绘草图的习惯，不断地坚持下去，人人都能画好一手漂亮的手绘图。前期通过多画一些速写与钢笔画来打好基础，临摹与创作相结合，达到融会贯通的程度，手绘学习就会变得容易。要明确学习效果图的表现是为了表达设计，不能为了纯粹的表现而表现，而应该在设计的指引下，丰富和完善自己的表现技巧，为日后的设计更好地服务。

4. 设计创作与表现

掌握了一定的基本功之后就可以开始设计创作。设计概念草图之前需要做好以下工作：

（1）熟悉与设计问题有关的各种资料和信息（场地勘察、人文环境调查等）；

（2）分析这些资料信息，获得对设计问题的基本了解；

（3）提出解决问题的办法（文字描述、方案草图、泡泡图）；

（4）决定采用什么工具。一般选择自己得心应手的工具，如签字笔、彩色铅笔、马克笔等，可根据自己的绘画习惯而定；

（5）选择合适的透视角度，表现图中所运用的透视主要有一点透视和两点透视。合理的透视角度有利于快速准确地表现出设计理念。其中，一点透视是最容易绘制的，这种视的画面整齐、稳定且有庄严感。相对于两点透视，一点透视表现得比较全面，所以它是最常用的绘图表现形式。在画好透视效果后，还可以增加局部细节来充实空间内容。

第2章 透视原理与景观图纸表达

2.1 不同的工具与材料介绍

"工欲善其事，必先利其器。"在快速手绘表达的过程中，良好的工具与材料对效果图表现起着至关重要的作用，也对技法的学习提供了很多便利的条件。但良好的工具与材料不是画好效果图的决定因素，纯熟的技巧才是绘制的关键。使用不同的工具与材料，能产生不同的表现形式，可以得到不同的表现效果。为了取得高质量的表现效果图，必须要细心地做准备工作。本小节主要介绍手绘效果图常用的工具（图2-1）。

根据多年来的教学经验，我们列出了一些工具的介绍与选择的方法，对于致力于用绘画的方式来探索解决方案的创意者将会有所裨益。设计绘图工具很多，但是在我们实际绘图的过程中需要进行简化，简化工具的好处在于选择几个最中意的工具，有助于熟练地掌握这些工具，对大脑的思维进行延伸，凸显视觉图像与思路，而不是将重点放在创作一幅绘画上面。

图2-1 常用工具。简化工具，选择自己熟悉的几种工具，并能够熟练地掌握，基本上能够满足各种绘图需求

以下是一些常用的设计表现工具，通过这些简化的工具组合，你可以快速将想法落实下来，再进一步深入、快速地上色，表现出优秀的空间效果。

1）黑色雄狮草图笔

英雄 382 美工钢笔

慕娜美黑钢笔

辉柏嘉钢笔

派通钢笔

2）铅笔

得力原木绘图铅笔，2B

辉柏嘉经典系列 9000 高级素描铅笔，2B

3）彩色铅笔

辉柏嘉蓝盒点阵油性彩铅，24色 、36 色铁盒（稍贵但耐用）

辉柏嘉水溶性彩铅，48 色

4）马克笔

AD 牌马克笔，油性，40 色（详见配色表）

斯塔牌马克笔，油性，60 色套装（详见配色表）

5）尺规与纸张

比例尺

得力三棱比例尺，蝴蝶多功能扇形比例尺，国产红环扇形比例尺，无印良品多角度直尺

橡皮：辉柏嘉蓝色橡皮擦

纸张：红环草图纸卷，12 寸拷贝纸，A3 复印纸，80g/m²复印纸，修正液

2.1.1 彩铅

彩铅即彩色铅笔，也是一种常用的效果图辅助表现工具，色彩齐全，刻画细节能力强，笔触细腻，便于携带且容易掌握（图 2-2）。尤其在表现画幅较小的效果图时非常方便，拿来即用。同时也解决了马克笔颜色不齐全的缺憾。

2.1.2 马克笔

马克笔可分为水性马克笔和油性马克笔，是一种常用的效果图表现工具。马克笔的笔端有方形和圆形之分，方形笔端整齐、平直，笔触感强烈而且有张力，适合于块面的物体着色，而圆形笔端适合较粗的轮廓勾画和细部刻画。马克笔具有作图快捷方便、效果清新雅致、表现力强的特点，近年来受到设计师的青睐。由于使用时不需要用水，具有着色过渡快、干燥时间短等优点，很适合快速直接表现。马克笔以笔触的排列方法进行过渡变化，显得概括、生动，以层层叠加的方式进行着色，一般需先浅后深，逐步深入。景观表现的颜色一般以大量的灰色和绿色为主，这两种色系基本上就能够满足景观设计快速表现的需要了。

　　马克笔颜色是固定的，难以调配使用，只能利用它色彩透明的特点一层一层地叠加使用。马克笔颜料根据不同的要求，配置出同色相而深浅不同的多种明度和纯度的色笔，可达上百种，且色彩的分布按照使用频度分成几个系列，绿色系、蓝色系、暖灰色系、冷灰色系、黄色系、红色系等，熟悉之后使用起来非常方便。

　　（1）美国 AD 牌马克笔——笔头相对比较宽，比较利于大面积着色，色彩比较柔和淡雅；

　　（2）斯塔牌马克笔，价格相对比较实惠（图2-2）。

图2-2 马克笔、彩铅，以及它们各自上色后的空间效果

2.1.3 修正液的使用

修正液一般在画面收尾的时候使用。一方面可以用来修正画面错误的地方，另一方面可以用来提亮光，针对一些特殊的材质起到画龙点睛的作用。如表现玻璃、水景、反光的时候时常会用到（图2-3）。

图2-3 修正液的使用，最后通过涂改液来提高光，水的流动性被表现得十分生动

2.1.4 不同纸张的选择与使用

在绘图过程中，选纸不同，绘出的色泽和效果也不一样。油性马克笔在吸水性较强的纸上着色会出现线条扩散的效果。因此，选择合适的纸张非常重要。用于马克笔表现的常用纸有：马克笔专用纸、硫酸纸、一般的复印纸等。一般练习用复印纸就行。硫酸纸也是马克笔作图的理想用纸，它无渗透性，便于修改，纸面晶莹光洁，可以反复修改，正反两面均可使用，并为画面增添含蓄的韵味（图2-4、图2-5）。

图2-4 白纸的使用，色彩鲜艳、对比强烈（邓蒲兵）

图2-5 硫酸纸的运用，易于修改、色彩柔和（魏军）

2.2 如何快速掌握景观透视图的画法

透视本身是一门很复杂的学问，在大学里面学习过透视课程的学生都应该知道。它很容易磨灭绘画本身的乐趣，但是对于手绘来说，只需要掌握简单的透视原则和方法即可，然后通过大量的日常练习来不断地提升，大量地练习场景透视速写，手感建立起来后速度与美感便随之而来，此后即可将重点放在清晰的想法、构图、设计趣味性以及画面的比例上，去感受创意的过程。

景观效果图是根据总平面图绘制而成的，顾名思义就是根据透视法则进行绘画与表现的图，透视图能够符合视觉规律地把事物、空间环境准确地反映到画面上，使人看了感到真实、自然。

所有的效果图透视都遵循近大远小的规律，由于受到空气中的尘埃和水汽等物质的影响，物体的明暗和色彩效果会有所改变，降低清晰度，产生模糊感，从而形成近实远虚的效果，因此，利用透视规律，近处的物体以清晰的光影质感表现，对于远处的物体可以减少明暗色彩的对比和细节刻画，达到增加空间透视的效果。

对于透视，应掌握以下两个基本元素：一条视平线，一个或多个消失点（图2-6）。

透视图相对于平立面图来说更加复杂一些，这也是令初学者比较棘手的一个问题，一张好的透视图可以让整个图面看起来更加舒服，也能够很好地反映作画者的设计与艺术修养。

透视的原理讲解起来十分复杂，对于快速设计表达来说，没有太多的必要去研究透视原理（图2-7），只需要掌握基本的透视法则以及一些常用的构图方法即可。再加上自己的大量练习，一般都能够掌握快速手绘草图表现技法。

根据主要元素与画面的关系，有一点透视、两点透视、鸟瞰图。一般来说，一点透视最为常用，掌握起来也相对简单。

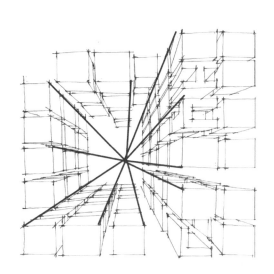

图2-6 一点透视规律：横平竖直、一点消失

图2-7 一点透视空间概念草图

2.2.1 一点透视

在景观效果图表现中，一点透视是最基本的透视表现方法，一点透视给人平衡稳定的感觉，适合表现安静、进深感强的空间，同时一点透视易于学习与掌握，控制好进深和比例关系就能够快速掌握一点透视，它在景观效果图表现中运用广泛（图2-8、图2-9）。

一点透视的基本特征为：

（1）物体的一个面与画面平行；

（2）画面只有一个消失点；

（3）空间产生的纵深感比较强；

（4）所有水平方向的线条保持水平，所有垂直方向线条保持垂直。

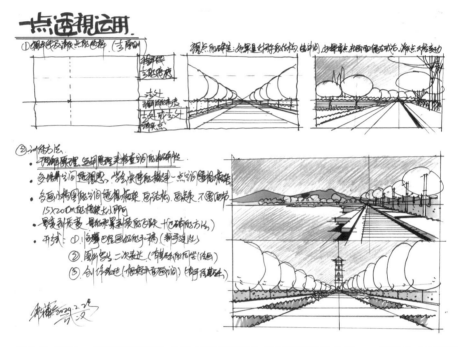

图2-8 景观一点透视草图表达关键在于确定消失点和视平线的位置，一般消失点在纸张的中间偏下的位置

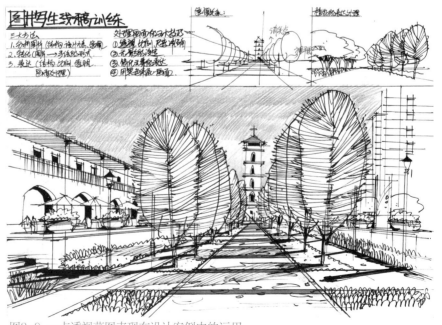

图2-9 一点透视草图表现在设计案例中的运用

　　以下是通过对一组酒店景观摄影作品的分析，它展示了照相机的透视原理，画面呈现出典型的一点透视状态（图 2-10 ～ 图 2-14）。

图2-10　通过分析，发现画面中会有一条无形的视平线，也就是在我们眼睛高度的位置画出的一条横线，从构筑物的边缘以及游泳池的边界线可以发现，沿着这些边界线的延长线会汇集于视平线上的某一个点，称之为消失点，在一点透视中，横线水平的线条保持水平，竖向垂直的线条保持垂直，纵向的线条都会汇集于这一点

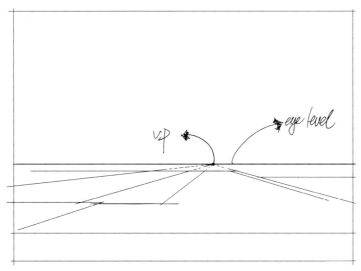

图2-11　首先确定视平线的高度，一般不会把视平线的高度定于画面的中间，这是为了避免画面平均，影响构图，接着确定出每个元素的平面位置

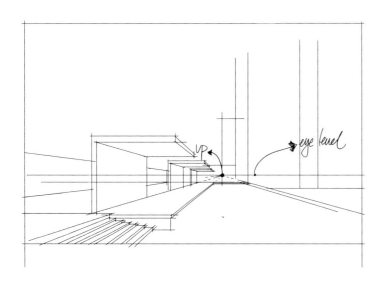

图2-12　根据平面元素的位置，依次确定出每一个构筑物的高度，进一步拉开空间关系

图2-13 在完成景观构筑物的绘制后（游泳池、景观亭、木平台等），进一步确定出景观植物的基本配置，设定一颗大植物作为画面的前景，根据之前的透视框架以及植物定位关系，深入画面，设定好阴影，增强画面的视觉感，一幅完整的空间透视图呈现出来了

图2-14 完成图

对一点透视有一个基本的理解之后，我们可以在任何空间中找到一条视平线，不管是真实的空间还是假想的空间，并能够找到一个灭点，下面通过一个平面图讲解透视表达，如何构建一个完整的空间透视，如图 2-15 ~ 图 2-21 所示，分别选择三个视点，视点 A：一点透视；视点 B：两点透视；视点 C：鸟瞰图。

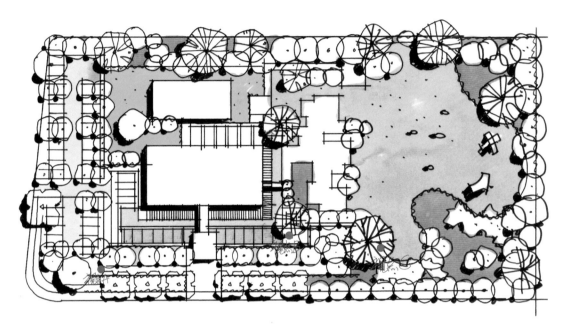

图2-15 选择三个视点

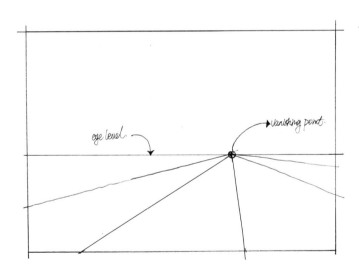

图2-16 选择视点A来进行表现，在确定的画框内部确定出视平线的位置，根据画面所表现的内容，设定消失点在画面的中间偏右的位置。通过几条长长的引线标记出关键的几个元素的位置，为画面构建出一个完整的框架

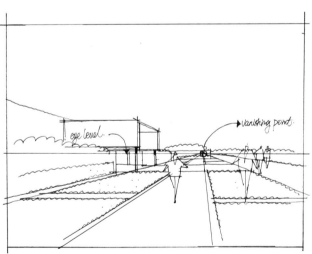

图2-17 根据画面确定的引线的位置，再加入一些平行的线条，以此来确定出空间的纵深感，同时确定出草坪、水体的基本位置，用一些随意的波浪线来表达路边的种植区域

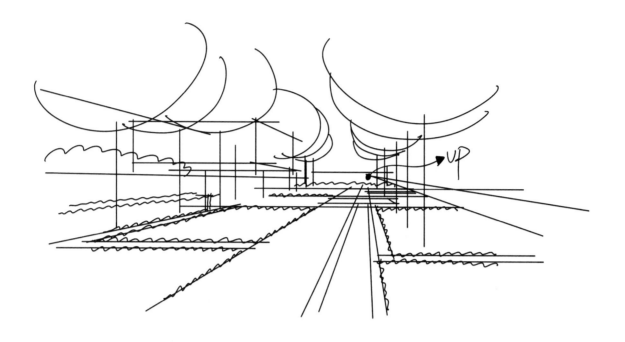

图2-18 在完成了一点透视的平面布局的位置定位后，依次把植物的位置确定出来，需要注意一下透视的近大远小规律，然后依次调整各元素之间的比例，调整硬质铺装、植被、建筑等能够让空间看起来更加丰富的元素

图2-19 适当注意投影的安排，让投影来统一画面，同时注意强调画面线条虚实关系的把握，注意整体关系的表达

图2-20　最后简单地对空间进行着色，草坪、植物、背景各用一个颜色区分，增加画面的表现力

图2-21　另外一个角度一点透视空间的快速草图表现

2.2.2 两点（成角）透视

两点透视也称成角透视，也就是景观空间的主体与画面呈现一定角度，每个面中相互平行的线分别向两个方向消失，且产生两个消失点的透视现象。与一点透视相比，成角透视更能够表现出空间的整体效果，是一种具有较强表现力的透视形式。

两点透视的特点：

（1）所有物体的消失线向中心点两边的余点处消失；

（2）自由、活泼，反映环境中构筑物的正侧两个面，易表现出体积感；

（3）有较强的明暗对比效果，富于变化；

（4）景观环境表现中常用的透视方法。

下面利用一组建筑来分析成角透视的构成形式，首先我们会发现，在眼高的位置有一条视平线，视平线左右两个方向的线条会消失于左右两边的消失点（图2-22～图2-24）。

图2-22 建筑图的消失点与视平线

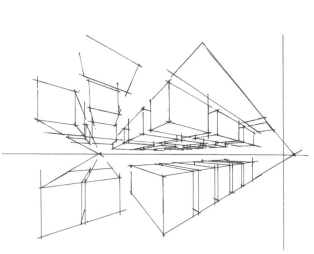

图2-23 两点透视概念图　　　　　　　　　　　　　　图2-24 两点透视空间表现图

注意事项：两点透视也叫成角透视，它的运用范围较为普遍，因为有两个点消失在视平线上，消失点不宜定得太近，在景观效果图中视平线一般定在整个画面靠下的 1/3 左右的位置。

两点透视相对于一点透视来说掌握起来可能更加困难。下面通过上一小节的平面图来讲解成角透视的表现方法，因此选择透视点B来进行成角透视表现（图2-25~图2-29）。

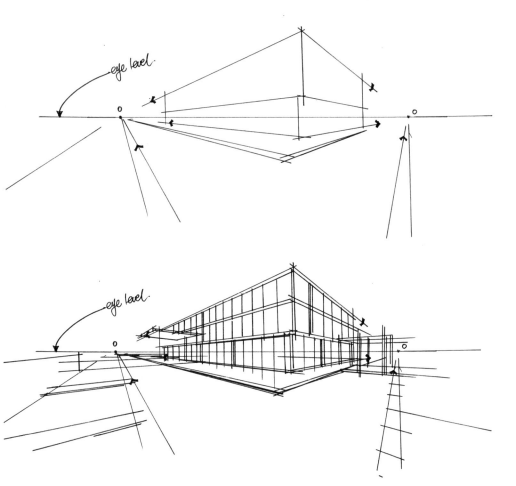

图2-25 根据平面图，选择视点B来进行表现，在确定的画框内部确定出视平线的位置，一般视平线应在画面中间偏下的位置，根据画面所表现的内容，设定两个消失点，两个消失点的位置不宜太近

图2-26 依次根据平面布局的形式，通过几条长长的引线标记出关键的几个元素的位置，为画面构建出一个完整的框架，需要把握住空间的尺度

图2-27 根据确定的平面布局形式，进一步确定草坪、水体、植物的位置，通过加入这些配景元素可以增加画面的氛围

图2-28 根据画面设定一个合适的光影方向，前景增设一些植物，可以适当拉开空间的前后关系，同时需要强调背光面的线条，加深投影

图2-29 马克笔上色前设定好画面的色彩关系，如天空水景的浅蓝色调，前景植物的黄绿色调，远景背景植物的重色调。通过前期的思考，利用马克笔从浅到深依次上色，最后调整画面的对比度，完成画面

2.2.3 鸟瞰图表现

鸟瞰图作为效果图表达的一种常用形式，它可以使设计构思表达更加清晰完整。下面将讲解如何快速表达鸟瞰图，应该掌握哪些基本的技巧与方法。

鸟瞰图特点：

（1）人俯视或仰视物体时形成的结果，在垂直方向产生第三个灭点；

（2）适合表现硕大体量或强透视感，如高层建筑物、建筑群、城市规划、景观鸟瞰图等。

要画好鸟瞰图，应进行如下训练：

1. 多画小草图

鸟瞰图一般场景比较大，掌握起来有一定的难度，可以先画小稿的草图，通过小的草图来推敲空间的尺度与处理的形式，简单地上一点颜色，这种方法往往十分奏效，图2-30 是对一个简单的平面进行不同角度的表现，通过低视点、高视点、鸟瞰图三种透视形式的比较，发现鸟瞰图能够把场地的全貌反映得更加精准。

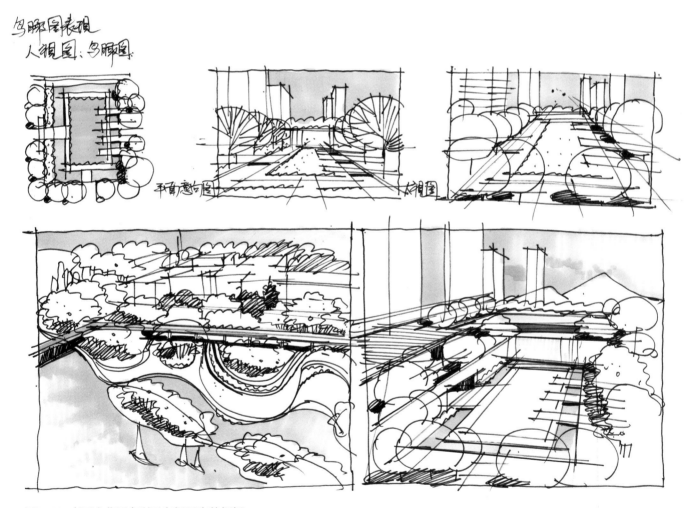

图2-30 多画小草图有利于空间尺度的把握

2. 简化场地结构

将场地进行简化后，可以得到基本的鸟瞰平面结构图，根据图面的内容简单分析不同景观元素的分布与比例关系（图 2-31、图 2-32）。

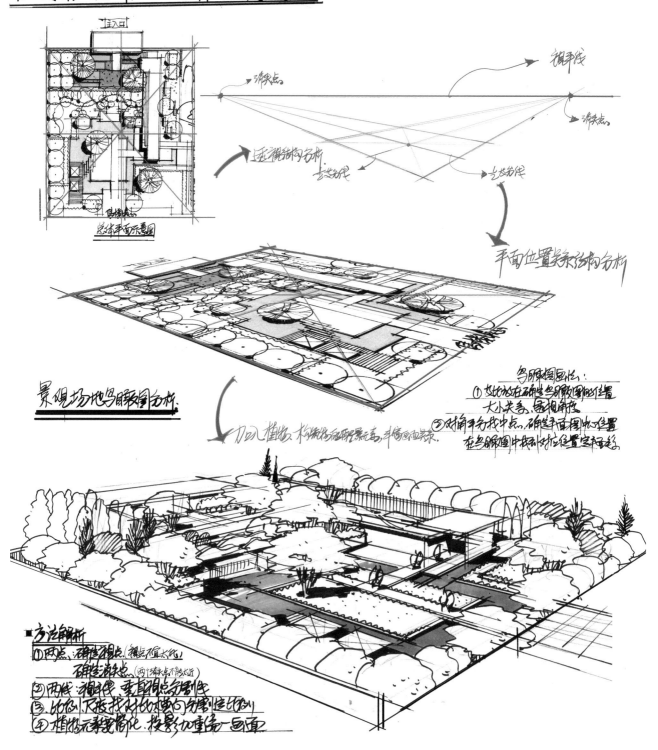

图2-31、图2-32 简化场地结构，推演生产空间透视关系过程图（邓蒲兵）

接下来采用上一小节的平面图快速绘制鸟瞰图，在平面图中，选取了视点 C 来进行表现，鸟瞰图的表现要点在于整体关系的把握，不需要太多细节刻画，透视准确即可（图2-33~图2-38）。

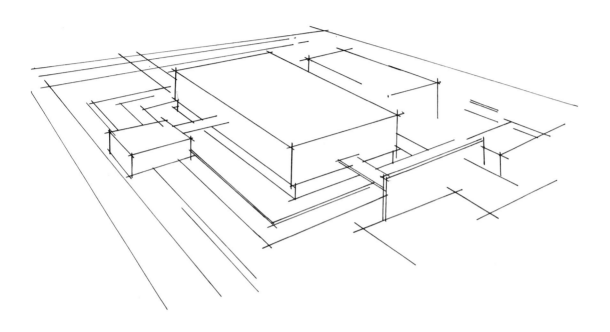

图2-33 步骤一：先根据视点的位置，用长直线条画出主要的结构定位线，对于图面中的道路、水面、构筑物等元素进行准确定位，然后确定出建筑的位置

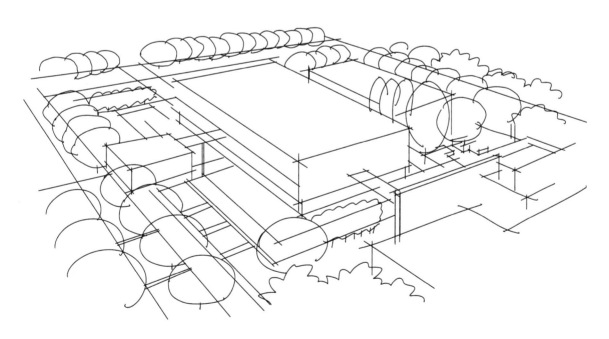

图2-34 步骤二：在确定完基本的结构定位后，依次加入植物配景的元素，在鸟瞰图表现中，植物元素的形态可以适当简化，以突出景观的结构形态

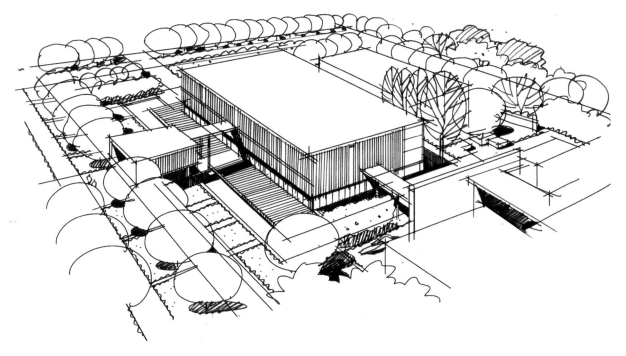

图2-35 步骤三：进一步调整画面，从第二步骤到第三步骤其实是整合画面的过程，如何让画面看起来有吸引力，需要进行投影和暗面的整合，以便使画面达到统一

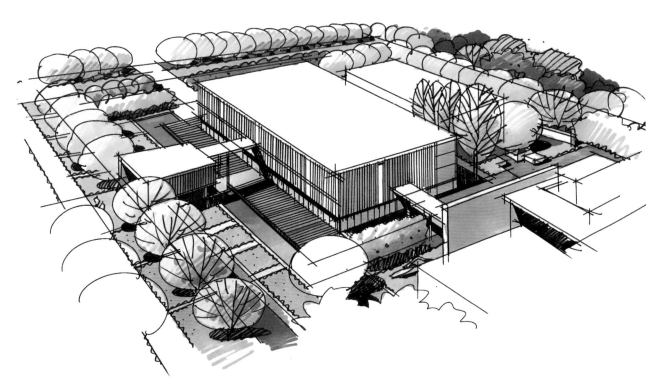

图2-36 步骤四：通过简单的色彩对画面进行色彩区分，增加画面的可读性

图2-37 课堂进行的鸟瞰图快速示范，抓住了景观空间的结构，对场地进行了高度的概括

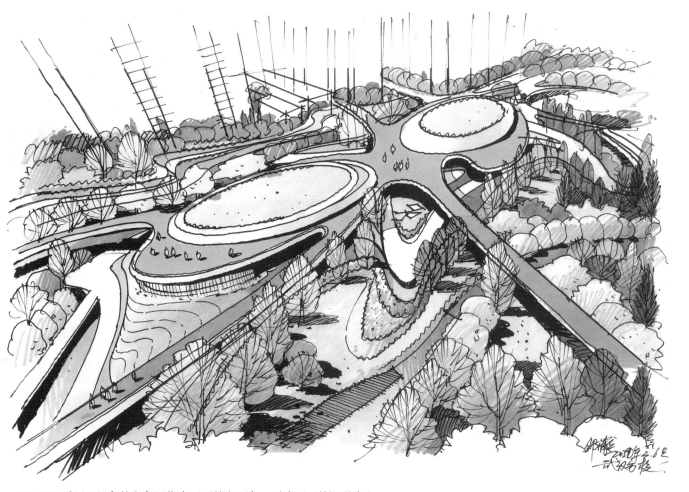

图2-38 采用了红色的主色调作为画面的主题色，形成画面的视觉中心

2.2.4 如何从平面图生成空间透视

在掌握了如何利用透视关系进行真实的空间表达后，即表示我们可以通过手绘的方式来表达自己的观点，并自由地呈现。作为城市速写，可以比较随意，而作为设计表达图，往往需要配合平面图来进行一些具体的空间表达。这个时候便需要构建理想中的空间，选择最佳的视点，表达你的设计观点。这里探讨的透视、纵深感的营造等都是为了高效准确的图面表达。

要准确地表达出平面图的内容，需要对设计的内容深入理解，并能够快速构建出它的空间关系，再根据设计特点来选择一个好的视点，把设计的最佳一面呈现出来。下面探讨如何将平面图转化为空间透视。

1. 尝试将不同的景观元素平面生成空间透视

对于很多学习者来说，一开始尝试大场景的空间表达往往以失败而告终，因为从二维平面到三维立体空间，需要有一个很准确的形体比例空间，场景大，控制起来比较难，不妨先尝试一些随意的平面到空间的表达，如一个水池座椅的组合、一个景观亭的小环境、一组景观山石等，这些小的景观空间元素构成相对简单，通过大量的练习掌握好一种空间尺度关系后，能够以不变应万变（图2-39）。

图2-39 特色构筑物入口标识景观

　　多尝试根据小构筑物的平立面图来绘制空间透视，有助于学习初期训练快速的空间构架能力，这些构筑物结构往往比较简单，锻炼的是视平线的选择与构图的完整性（图2-40～图2-42）。

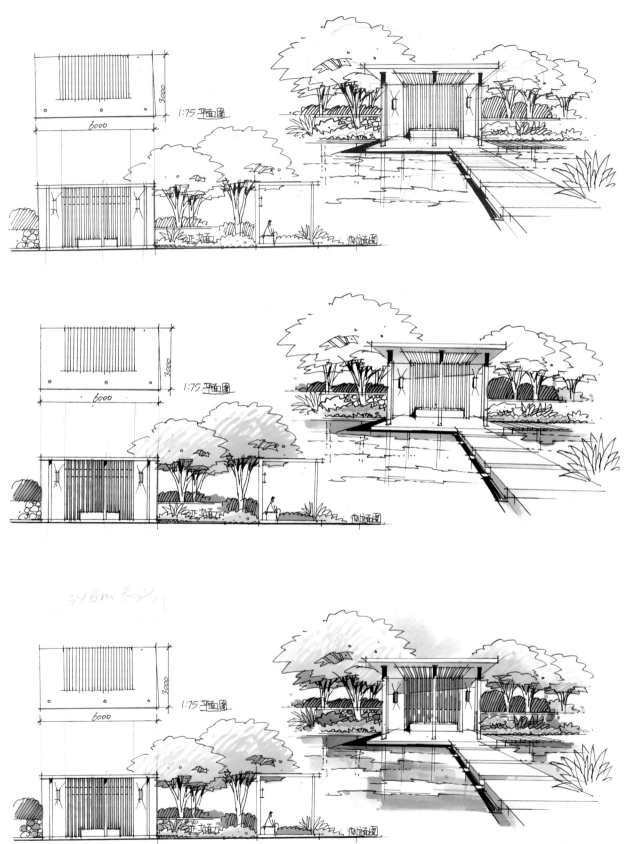

图2-40～图2-42　根据小构筑物的平立面图来绘制空间透视

037

根据平面图来快速生成空间的另外一个方法是根据平面图的布局形式，依次确定出它们的空间位置，然后逐步深入（图2-43～图2-45）。

（1）确定出平面布置图在空间中的位置；

（2）依次确定出不同元素的材质与空间构架；

（3）加入植物、人物等景观元素，丰富画面的空间氛围。

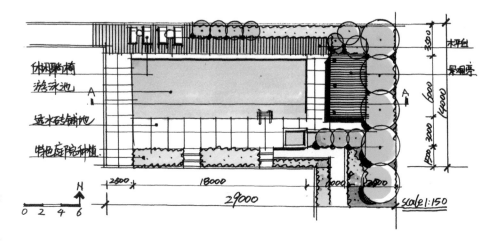

图2-43

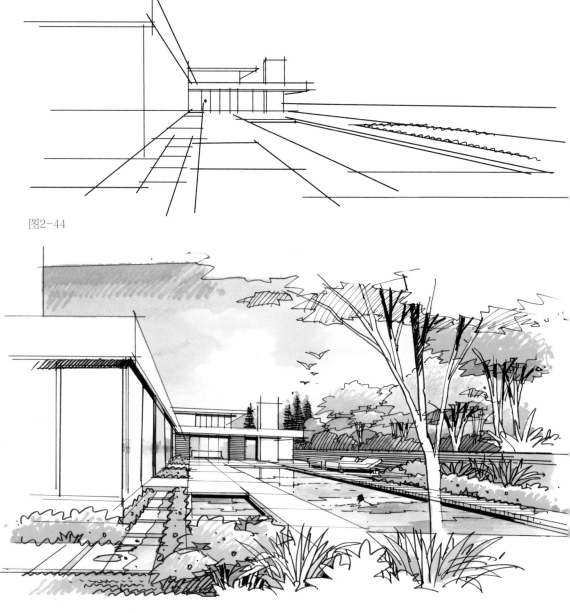

图2-44

图2-43～图2-45 根据平面图快速生成空间

　　下面通过一个庭院的景观案例，分析如何根据平面绘制空间效果图，首先要选择合适的视点，这个很关键。需要展示哪个区域，消失点就应该在哪个区域，多数情况下可以采用一点透视来进行空间表达（图 2-46 ～图 2-51）。

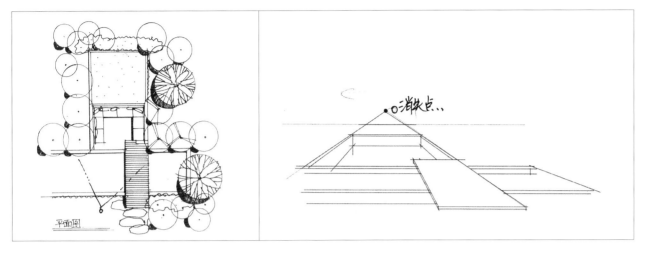

图2-46 庭院景观平面示意图

图2-47 步骤一：选择适合的视点，在中间偏左的位置，确定视平线高度，此图设置在1/2左右处，消失点中间偏左，按照平面图用大直线确定出水池、休息区域、草坪、木质平台等位置

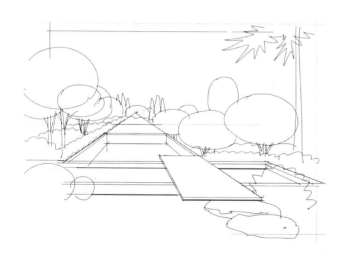

图2-48 步骤二：进一步确定植物的大小位置与形态，同时也进一步完善构图

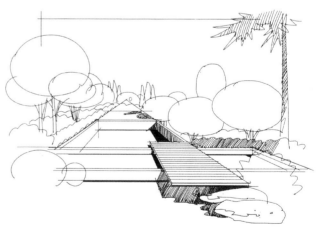

图2-49 步骤三：对整个画面设置最合适的光影变化，使画面有一个基本的投影

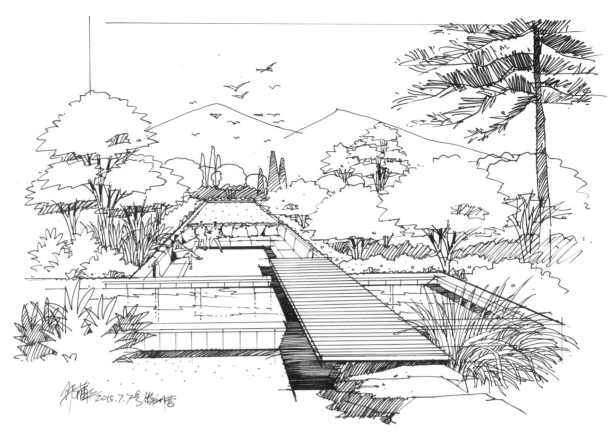

图2-50 步骤四：对画面进行适度的深入，这个时候可以简单地区分植物的形态特征，以及一些基本的材质与水体的刻画，前景植物处理成重色，强调画面的对比关系

图2-51 完成图

2.2.5 快速透视草图的画法与运用

　　直接手绘概念草图对于快速设计构思来说已经是一种非常重要的能力，不管面对什么样的工作任务，快速概念草图都会成为设计师表达设计理念最简洁明了的方式，对于设计师来说它是一项基本的设计创意行为，手绘草图能够帮助我们去思考和发挥创意，为后期方案深化提供指导。

　　在这里需要注意，通过绘图所追求的并不是最真实的呈现，而是对于工作任务的一种探讨与思考，概念草图应该是一个发现的过程，探索新的创意与构思（图2-52、图2-53）。

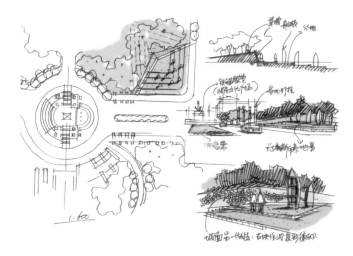

图2-52 景观方案设计快速草图表达

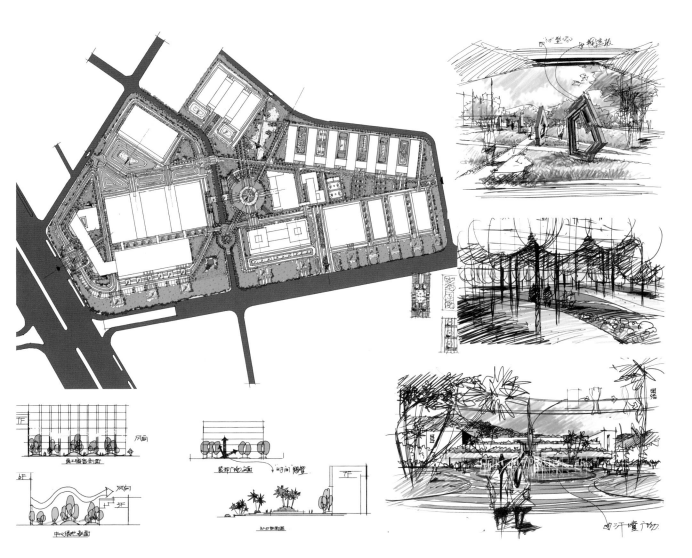

图2-53 珠海塞纳设计方案图（柏影）

对于快速效果图的绘制，构图是很重要的一个环节，构图不理想，会影响画面的最终效果。构图阶段需要注意以下各要素，如透视，确定主体，形成趣味中心，各物体之间的比例关系，还有配景和主体的比重等，有些复杂的空间甚至需要多画几张草图拉出透视，并尽量做到准确。

层次与空间感：画面虽然是一个平面，但需要反映出前后的层次，使画面具有空间感。近处光影明暗对比强烈，渐远，明暗渐柔和；近处色彩偏固有色，渐远，色彩偏调和色；近处细部丰富，远处模糊，越远越虚。

画面的长宽比：画面较宽的，比较适合表现大的场景或者舒缓的场景，如大草坪、湖面等；画面较窄的，比较适合表现高耸、深远的场景。

色彩处理简洁：作为快速概念草图的上色，能够简单表达主体设计构思即可，无需过分渲染，重点部分给予适当的色彩。

快速高效：多用简化的图例，减少细节刻画，大胆下笔，追求高效便捷的处理形式（图2-54~图2-58）。

图2-54 广场景观草图表达

图2-55 快速草图构思表达，画面追求的并不是最真实的呈现，而是一种思考与探讨（马晓晨）

图2-56 设计方案表现图，相对而言追求了一种真实的场景呈现以及氛围的营造（马晓晨）

图2-57 快速草图（邓蒲兵）

图2-58 快速草图（王姜）

2.3 快速透视草图画面处理的方法与技巧

2.3.1 寻找概括提炼的表现方式

培养快速而准确的手绘技巧十分关键，因为只有具备快速而熟练的处理方法才能自如地抓住那些稍纵即逝的想法，利用笔作为探索的工具，将我们的想法呈现在纸上，进行设计创意构思表达应该像玩探索游戏一样有趣，不必要对结果加以评判。

但是在很多情况下，我们所了解的手绘是在短时间内进行真实呈现的一种技巧与方式，它被作为一种表现的工具，常常用来构建图像，阐述最终的设计结果，这与手绘创思的方向相违背，也不是我们最终想要的结果。

我们缺乏的是对快速流畅手绘技能的培养，以便能够在以后的方案设计中快速地捕捉那些随时迸发的灵感，最终由电脑处理成完善的想法，从这个层面来说，应当把手绘的优势发挥到极致，在设计创作中能够运用自如，以便设计创意源源不断。

概念速写或者设计构思作为设计原型的一种研究方式，让每一张图都能够呈现自己的思路。我们需要思考设计绘图的教育方式，将重点从真实呈现转化为视觉思维与快速视觉化的方面，真正发挥手绘的作用，在方案创作初期催生出更好的想法。

笔者根据多年的教学经验，整理出一套相对比较简单的画面处理方法，掌握这些有效的方法能够让你的手绘更加高效与快速，有助于更快捷地探索各种想法。

1. 缩小尺寸

首先要明确所需要绘制的设计图的内容，抓住与设计相关的核心元素，用简单的笔法呈现出来。平时一般用的纸张都是 A3 大小，但是用来画草图显得过大，不容易控制画面。最简单的做法是画大量的小幅速写，每一张小的速写表达一个观点。绘制草图的时候要注意不同的阶段使用不同深入程度的草图，在草图设计初期阶段添加过于复杂的细节和不相干的东西，会失去核心重点。当采用小幅纸张的时候，我们会自然而然地对画面的内容进行概括与提炼，所以初期应该多采用这种方法，提高对画面的概括与提炼能力（图2-59）。

图2-59 缩小尺寸能够让我们抓住设计的核心重点，忽略掉不相干的形式，快速抓住设计构思，此图尺寸为20cm左右

缩小尺寸有利于快速进行空间构建与思考（图2-60、图2-61）。

图2-60、图2-61 以上图幅大小约为15cm×20cm左右

2. 简化表现手法

在表现手法上一般采用简洁明快的表现方式，同时会采用很多特定的元素来表达。如同我们学习单词一样，掌握几种常见的连贯性语汇。如一些简单的线条、植物及草地的表达方式、纹理的刻画等。当我们在表达时不再关注如何下笔的时候，笔下的线条便自然而然地塑造出作品，而大脑可以专攻思路，久而久之，绘图语言越来越成熟（图2-62、图2-63）。

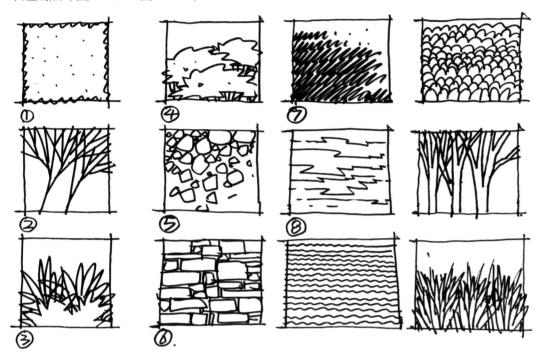

图2-62 在景观草图表现中可以利用很多方法，将不同的方法加以整理简化，这样在表达的时候无需为了如何去画好某个东西而烦恼

图2-63 景观植物快速概念画法

　　以下两个案例充分展示了在快速设计表达的过程中,如何简化一些元素的表现技巧,以及它们的运用形式,熟练绘制这些形式往往可以让草图表达速度加倍,而且非常有效(图2-64、图2-65)。

图2-64　元素简化技巧

图2-65　元素简化技巧

3. 多画小构图，用图来说话

在做设计构思或者设计创意的时候，难免会画大量的设计草图来表达设计构思，这个时候应当避免在一张图里面花费太多的时间与精力，也不要期望能够在一张图里把设计创意全部表达清楚，更好的做法是一张图说明一个问题，多画一些能够说明问题的小图，这样能够让我们的设计思路更加清晰，娓娓道来，而不是陷入如何画好一张图稿的困境中（图 2-66）。

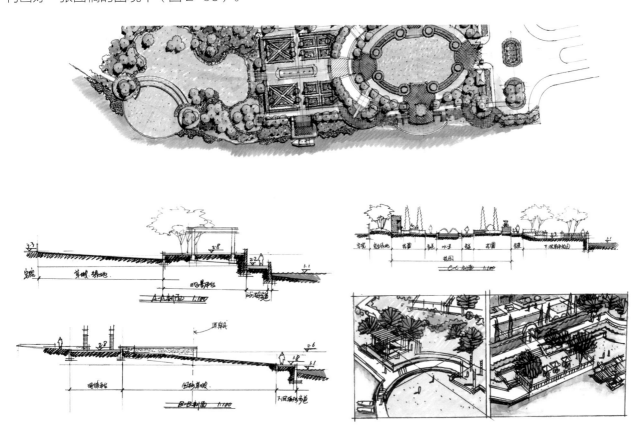

图2-66 多画小构图（秦志敏）

4. 学会整合画面与氛围营造

一般情况下，我们能够很快地勾勒出一个线稿，但画面往往会显得缺乏主次关系，主体也不够突出，需要对画面进行整合。以下为整合画面的简单方法（图 2-67～图 2-72）：

（1）用深灰色的暗影区域来整合画面；

（2）增加人物、汽车等小品来增强画面的生动性。

图2-67 整合画面　　　　　　　　　　　　　　　　图2-68 增加画面的生动性

图2-69 继续细化

图2-70 多利用投影与立面的灰色调来统一整个画面

图2-71 添加色彩

图2-72 通过人物配景的补充，让整个画面显得更加生动与活跃(马晓晨)

5. 合理利用注释图文表达

在进行设计构思表达的时候，我们往往会增加一些文字来进行补充说明，这些文字在快速创意草图阶段显得十分重要，它能够让我们快速明白设计意图，以进行更深入的思考，所以如何利用画面空间进行合理的标注也是需要考虑的一个问题。不可否认，设计师能写得一手漂亮的字也十分重要（图2-73、图2-74）。

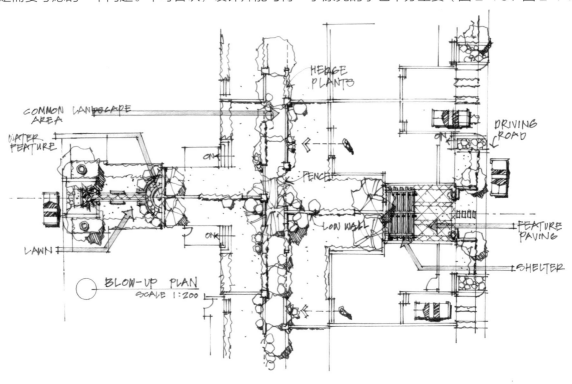

图2-73 注释图文示例（马晓晨）

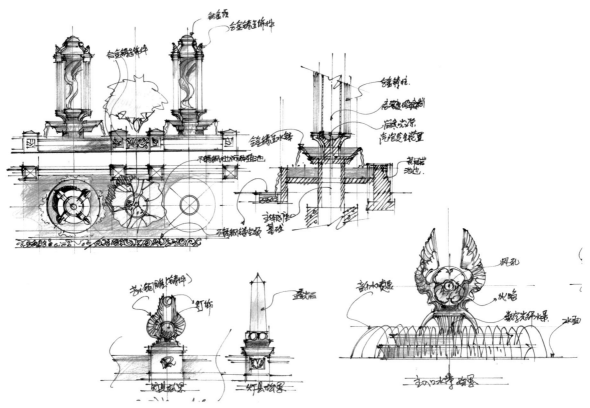

图2-74 注释图文示例（秦志敏）

2.3.2 如何经营画面的空间感

在掌握了一定的空间透视方法后，就要开始考虑如何来营造画面的空间感，这在透视空间表现中十分重要。一般来说，一幅完整的画面包括前景、中景、远景三个元素，为了更好地理解，可以将这三个元素分别进行解析，最终在构图中拼合在一起。

前景离观者最近，通常作为一个画框的形式存在，而画面的视觉中心一般在中景的位置，为了营造真实的画面效果，通常前景会作细致的刻画，起到衬托中景的作用。

中景是画面的视觉中心，也是画面的焦点所在，可以表达主题，所以需要进行一定程度的深入刻画。

远景往往作为画面的背景存在，形体与笔触都可以概括与提炼，减少细节的刻画，这样可以营造出深远的空间感。

在下面的两个案例绘制过程中，将绘图过程进行了分解，对画面的前景、中景、远景分解表达。

构图：构图是表现图的重要内容，也是初学者容易忽略的内容。在一幅效果图中，只表现景物是不够的，必须把线、形、细部、黑白与色调等元素构成，用有组织、有效果的语言表达出来，这就是所谓的构图，即画面中各艺术元素的结构配置方法。构图不仅用于整幅画面的设计，也同样用于单个或成群的物体的设计，平时需要积累一些常用的构图形式。

在快速表现时，对进深作巧妙的处理，可以形成具有深度感和距离感的画面：

近景：在画面安排上，该部分距离人最近，所以近景可以画出具体的质感和细部，如叶片、岩石的裂纹，甚至是树皮，在一定程度上起到"镜框"的作用。需注意，近景表现在明暗、细部和色彩的处理上不要喧宾夺主。

中景：中景部分一般是画面主体，是主要表现的部分，要着重刻画——明暗对比强烈、细部刻画细腻、质感清晰等。中景起到过渡作用，要注意使整个画面和谐统一。

远景：只用轮廓线或涂满的暗调子来作背景，不强调明暗，不进行细部刻画，色彩不宜鲜亮。远景起到突出主体的作用，使人感到画面舒展、深远。

画面的均衡：均衡分为完全对称的均衡和不完全对称的均衡。前一种适合表现安定稳重、庄严肃穆的景物或场景，后者适用于大多数情况。有时可以使用配景达到均衡画面的效果。

重点（主景）突出与主次分明：画面应当重点突出、主次明确。重点一般应居画面中心位置，可通过道路、植物、人、车或其他要素的引导来加强。重点的明暗对比强烈，细部刻画细腻。非重点处应简化弱化，不要喧宾夺主（图 2-75~图 2-83）。

天空颜色淡雅，烘托画面氛围

远景虚化，概不作重点处理，衬托主体

中景刻画深入，是画面的主体，也是主要的表现部分，对比强烈，质感清晰

近景刻画细致，起到框景的作用，拉开前后关系

图2-75 远景、中景、近景

图2-76 远景中概括的山体、树木、湖泊为空间设定了一个语境

图2-77 画面处理与构图，注意画面的前景、中景、远景的处理，一般来说远景比较虚，中景是画面表达的重点

图2-78 中景的亭子和高大的景观植物形成画面的视觉趣味中心

图2-79 将三者合并起来，就可以形成一幅逼真的空间环境，湖面的蓝色增加了画面的生动性，人物与亭子相呼应，为画面增添了很好的效果

图2-80 前景中的树干、人物、植物、草坪组成画框，同时对树干进行深入表达，将视线引入画面的焦点

图2-81 中景的元素构成画面的视觉焦点，刻画也会相对深入，需要通过中景的营造，形成一个良好的画面氛围

图2-82 远景既是画面的背景，也是画面的点缀，相对前景、中景而言，显得粗略

图2-83 当把前景、中景、远景三个元素叠加起来的时候，就形成了一幅十分生动的画面，空间感强烈，视觉主体突出

第3章
马克笔表现技法
与步骤解析

3.1 马克笔表现基础技法

马克笔分为水性与油性两种，主要是通过线条的循环叠加来取得丰富的色彩变化。马克笔不像其他表现工具，它颜色调和比较难，而且不易修改，所以画之前一定要做到心中有数。马克笔表现的方法基本上是深色叠加浅色，否则浅色会稀释掉深色而使画面变脏。单支的马克笔每叠加一次画面色彩会加重一级。马克笔几乎可以适用于各种不同的纸张，在不同的纸张上会产生不同的效果，可以根据不同的需要选择使用。

3.1.1 马克笔的用笔训练

1. 直线条的练习

初学马克笔的时候用笔是关键，也是学习马克笔的第一步，一般用笔讲究干脆利索。在用笔的过程中直线是比较难把握的，要注意起笔与收笔，用力要均匀，线条要干脆有力，不宜拖泥带水。运笔时应用手臂带动手腕进行运笔，才能保证长直线条有力度（图3-1）。

 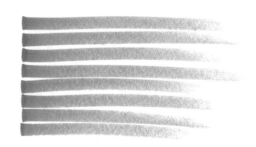

图3-1 直线条的表现　　　　　图3-2 快速枯笔表现

直线条的另一种表现形式是扫笔，快速地运笔，重起轻收，线条本身已经产生了一种虚实和明暗变化，在马克笔水分不足的时候枯笔的效果最好，所以平时可以适当搜集一些快干枯的马克笔，利于表现一些特殊的材质（图3-2）。

图3-3、图3-4　不同方向随意的笔触表现

2. 不同方向随意的笔触表现

在表现植物时这种笔触运用比较多，不同角度变化的小笔触随意变化，可以让画面产生非常丰富的画面效果，富有张力，同时也可以避免画面的呆板（图 3-3、图 3-4）。

3.1.2 色彩的渐变与过渡

色彩逐渐变化的上色方法称为退晕，可以是色相的变化，比如从蓝色到绿色；也可以是色彩明度的变化，从浅到深的过渡变化；也可以是饱和度的变化。世界上很少有物体是均匀着色的，直射光、放射光形成了随处可见的色彩过渡，色彩过渡使画面更加逼真，鲜明动人，可以用于表现画面中的微妙对比。回笔的运用在马克笔表现中运用广泛，在平涂中产生相应的变化（图 3-5）。

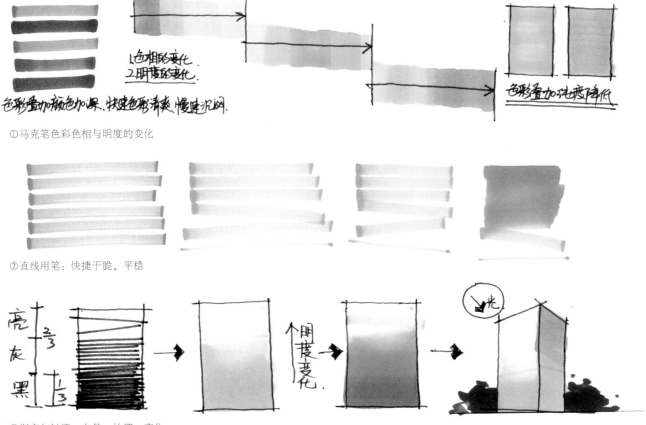

①马克笔色彩色相与明度的变化

②直线用笔：快捷干脆、平稳

③渐变与过渡：自然、协调、变化

图3-5　渐变与色彩过渡是马克笔表现的常用技法之一，需要反复练习才能达到熟练运用的程度

在景观快速表达中，往往各种元素的形态比较严谨，不适合大块的颜色进行铺设，如植物，很多时候会采用细的笔触来进行上色，这种方式往往利于控制植物的形体，适合形态严谨的景观空间表现，而且也相对容易掌握（图3-6～图3-8）。

图3-6　线条太细会使画面看起来不够整体，线条太长会使画面看起来呆板

图3-7　细笔触在天空中的运用，快捷地产生渐变

图3-8　细笔触在草坪中的运用

3.1.3 马克笔体块与光影训练

光影是马克笔表现的一个重要元素。通过一些体块的训练，掌握画面黑白灰关系，利于对画面体积与光影关系的理解，利于在后期进行空间塑造。在进行体块关系训练时要掌握黑白灰三个面的层次变化（图 3-9、图 3-10）。

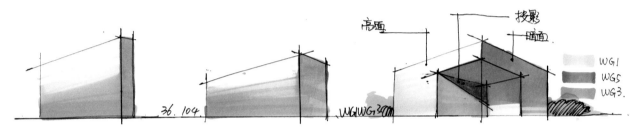

图3-9　光影关系训练的方法与技巧

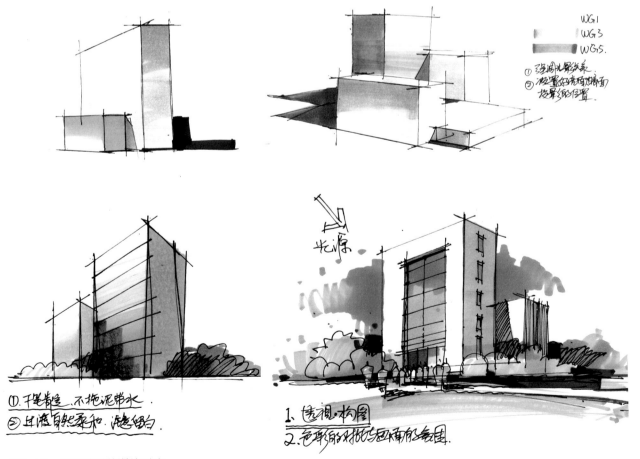

图3-10　光影关系的训练形式

3.1.4 马克笔与其他工具的结合运用

马克笔与彩铅结合表现可适当增加画面的色彩关系，丰富画面的色彩变化，加强物体的质感，但不宜大面积使用，容易画腻。若以彩铅表现为主，可以在彩铅铺设完整体的色彩关系之后，再运用马克笔适当加重。若以马克笔表现为主，可以在后期针对色彩不足的问题用彩铅局部铺设一些色彩，协调画面（图3-11）。

图3-11　马克笔与彩铅结合表现

马克笔使用的几个小窍门：

（1）颜色的叠加：一张手绘图不可能到处都是明亮的色彩，适当的灰色可以使画面更加鲜明，有生气。如何利用色彩更好地叠加而不至弄脏画面呢？

马克笔叠加有两种形式，同色系叠加与不同色系叠加。第一种形式相对比较简单，比较容易塑造出一些简单的渐变效果，但是难以取得色彩的丰富变化。不同色系的相互叠加时画面效果会比较丰富，但是颜色叠加不均容易出现画面偏灰或者脏的感觉（图3-12）。

图3-12　左图为同一只笔的色彩渐变，右图为同一色系的色彩变化与叠加

（2）初学者可以制作一个色谱，可以快速地熟悉马克笔的色彩与笔号，利于在后期
的学习中快速表达，同时也便于熟悉马克笔色彩的分类形式以及常用的颜色适宜表达哪些内
容（图3-13、图3-14）。

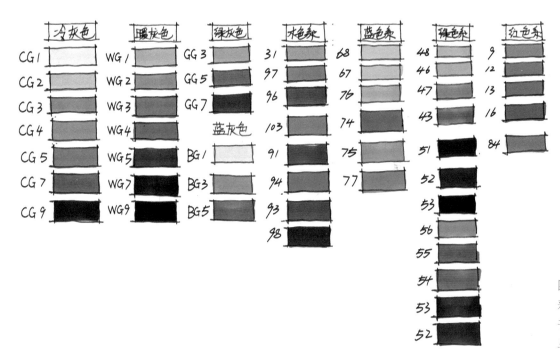

图3-13　根据不同的色彩体系绘制的色卡，利于快速了解色彩的体系与变化

同色系色彩的叠加

不同色系色彩的叠加

图3-14　马克笔色彩表现

3.2 景观元素表现技巧与周边环境

3.2.1 乔木、灌木、地被、棕榈等景观植物的表现

植物作为景观中重要的配景元素，在景观设计中占的比例非常大，植物的表现是透视图中不可缺少的一部分。自然界中的树干姿百态，各具特色，各种树木的枝、干、冠决定了各自的形态特征，因此学画树之前，首先要观察树木的形态特征以及各部分的关系，了解树木的外轮廓形状，学会对形体的概括，初学者在临摹过程中要做到手到、眼到、心到，学习别人在树形的概括和质感的表现处理上的手法与技巧，只有熟练地掌握不同植物的形态，画的时候才能下笔有神。同时还应该经常写生，锻炼对形体的概括和把握能力。

在景观设计中运用较多的植物主要有乔木、灌木、草本三类。每一种植物的生长习性不同，造型各异。画面中植物表现的好坏直接影响到画面的优劣，需要进行重点练习（图3-15）。

树木一般分为5个部分：干、枝、叶、梢、根。从树的形态特征看，有缠枝、分枝、细裂、节疤等，树叶有互生、对生的区别。了解这些基本的特征规律后有利于快速表现，画树先画树干，树干是构成整体树木的框架，注意枝干的分支习性，合理安排主干与次干的疏密布局安排。

画近景的树时需要刻画详细，以表现出其穿插的关系，应做到以下几点：

（1）清楚地表现枝、干、根各自的转折关系；

（2）画枝干时注意上下多曲折，忌用单线；

（3）嫩叶、小树用笔可快速灵活，老树结构多，曲折大，应描绘出其苍老感；

（4）树枝表现应有节奏美感，"树分四枝"指的就是一棵树应该有前后、左右四面伸展的枝丫，方有立体感，只要懂得这个原理，即使只画两三枝，也能够表达出疏密感来。

远景的树：远景的树在刻画时一般采取概括的手法，表达出大的关系，体现出树的形体，色彩纯度降低。

前景的树：一般前景的树在表现时应突出形体概念，着色相对较少，更多的时候只画一半以完善构图收尾之用。

前景

远景

中景

图3-15 前景、中景、远景植物在空间中的具体表现形式

1. 乔木的表现

乔木是指树身高大的树木,由根部生长出独立的主干,树干和树冠有明显的区分,与低矮的灌木相对应。杨树、槐树、松树、柳树等都属于乔木类。

学会画出不同的景观植物非常重要,既能够表现茂盛的树叶,也能够画出萧瑟的树枝,这个在前期概念图表现阶段是非常有用的,不同的树种在形态上千变万化,但是都会有一个共同的分枝形式,也是普遍存在的一种生长规律。

通过练习如下的基本技巧(图 3-16),可以快速表达基本的树木造型,再根据树种与特征的变化,画出它们在树枝与形态上的布局差异即可。

图3-16 曲线训练

同样的方法也可以运用在独立主干的乔木上面,茂盛的树叶可以简化成为一个球形,形成以树干为中心的树冠形态,在树冠下面增加一些投影,以增强树冠的厚重感,最后在树冠中增加几个主树杈的穿插,注意画面中的明暗对比关系应根据光照来进行设定(图 3-17、图 3-18)。

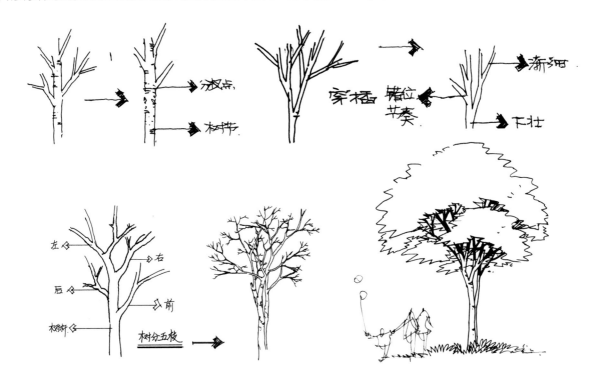

图3-17 乔木表现步骤

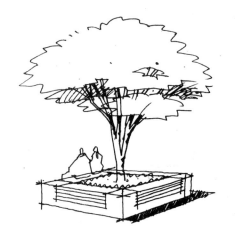

图3-18 乔木表现步骤

　　植物表现要点：基本的形态与分枝训练。

　　以地面为中心，均衡的形式朝树冠的位置画出几个分枝，通过椭圆形来表达树冠的形态，以此获得植物的基本形态，在实际绘制过程中，可以先画出几条主树杈，再在主树杈上面分出几个二级树杈，部分穿过树冠，形成通透的趣味性，用转折的折线来表达出树冠，部分树杈可穿透树冠，以便增加植物的生动性（图3-19）。

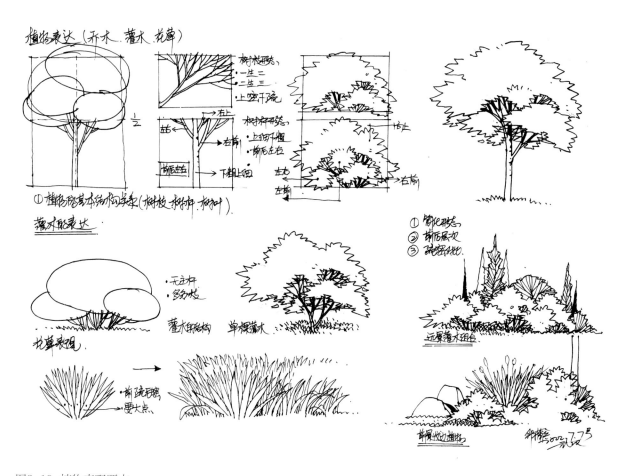

图3-19 植物表现要点

2. 灌木与花草地被的表现

灌木与乔木不同，植株相对矮小，没有明显的主干，呈丛生状态，一般可分为观花、观果、观枝干等几类，是矮小而丛生的木本植物。单株的灌木画法与乔木相同，只是没有明显的主干，而是近地处枝干丛生。灌木通常以片植为主，有自然式种植和规则式种植两种，其画法大同小异，注意疏密虚实的变化，进行分块，抓大关系，切忌琐碎。

灌木花草形态多变，线条讲究轻松灵活，在这个阶段需要多练习，多感受（图3-20 ~图3-22）。

图3-20　三种不同线条的练习

图3-21　灌木与花草地被的表现

图3-22　灌木与花草地被的表现

灌木花草表现步骤如图 3-23 所示。

步骤一：根据图片，运用不同的线条绘制出灌木花草的基本形态

步骤二：根据植物的前后关系选择适当的色彩，前景颜色偏暖，远景颜色偏冷

步骤三：调整完成色彩关系，补充完善周边景观石的色彩，前景颜色偏暖、远景颜色偏冷

图3-23 灌木花草表现步骤

景观植物组合表现：

在进行景观设计时，很多时候会利用植物来进行空间的营造，以及植物造景，需要我们对植物图例（乔木、灌木、花草）十分熟悉，才能够在表达的时候简单快速，在表现的过程中应注意以下几点：

（1）单个植物图例能够熟练表达；

（2）植物组合造景要梳理好前景、中景、远景等几个植物层次的基本关系；

（3）植物形态选择方面要高低错落，从前到后的高低错落关系清晰。

植物组合表现步骤（图3-24～图3-31）：

步骤一：根据不同的植物特点勾画出不同的形态，在钢笔线稿刻画中需要把握线条的虚实关系，一般前景的植物刻画精细，远景虚化。从整个画面大关系入手，考虑画面整体的色彩关系与黑白灰的变化，用浅绿色从植物亮面开始着色，用笔的次数不宜过多，多用回笔，避免植物笔触过于明显。

步骤二：铺设整体的色调，有规律地组织马克笔笔触的变化，有利于形成统一的画面。

步骤三：马克笔上色的步骤一般是先浅后深，在铺设了大概的色彩关系之后需要用重色进行加深与点缀，对于前景与画面视觉中心的部分深入刻画细节，适当注意暗面的色彩倾向与色彩的协调。回到整体，调整画面的色彩关系，对于远景比较跳跃的颜色用灰色适当地协调，马克笔颜色本身比较鲜艳，在处理远景的时候要谨慎，注意拉开画面的前后空间关系。

图3-24～图3-26 植物组合表现步骤

图3-25

图3-26

图3-27~图3-30 植物组合表现步骤

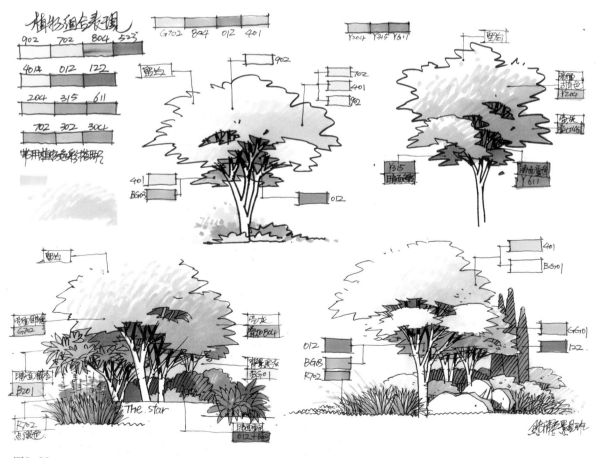

图3-28

图3-29

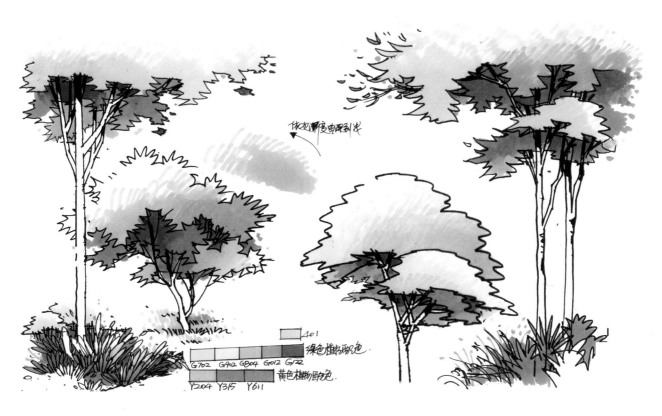

图3-30

①、对单个植物能够熟练表达
②、层次关系要分明。
③、由低到高的层次变化。

右
中
前

1.层次关系

2.植物形态、高低层次变化

邓蒲兵
2015.5

图3-31　景观植物组合的表达需要熟练不同类型的植物图例形式，再按照一定的层次规律组合在一起

3. 棕榈科植物的表现

棕榈科植物特征十分明显，也有非常强烈的体征形式，先画一条线代表植物主干，接着按照叶片的生长规律，在上下、左右、前后等几个方向为叶片定位，再依次根据前后关系把植物叶片特征表现出来即可（图 3-32、图 3-33）。

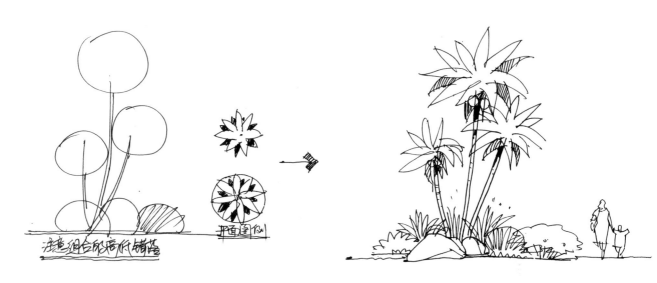

非意组合形成层次错落

把面画实

图3-32　棕榈科植物的表现

图3-33　棕榈科植物的表达应自如、放松，多反复训练

棕榈科植物叶片的快速表现方法（图 3-34 ～ 图 3-39）：

图3-34 抓住植物
形态特征，从大结
构关系入手

图3-35 用马克笔
铺出亮面的基本色
调，一般用3个颜
色就可以将植物表
现得十分饱满

图3-36 用中间层次的
绿色将植物暗面区分出
来，通过不同的深浅区
分亮面与暗面

图3-37 调整画面，适
当地在局部加入一些重
色，使整个植物更加沉
稳一些

图3-38 调整画面的色
彩与细节的处理，完成
整个植物的表达

图3-39 棕榈科植物
组合表现完整图

3.2.2 景观山石与水景表现

1. 景观山石表现

石是园林构景的重要素材，如何表现这些构景元素，是园林景观设计学习的重要部分。石的种类很多，中国园林常用的石有太湖石、黄石、青石、石笋、花岗石、木化石等。不同的石材质感、色泽、纹理、形态等特性都不一样，因此，画法也各有特点。

山石表现要根据结构纹理特点进行描绘，通过勾勒其轮廓，把黑白灰三个层面表现出来，这样，石头就有了立体感，不可把轮廓线勾画得太死，用笔需要注意顿挫曲折。中国画的山石表现方法能充分表现出山石的结构、纹理特点，中国画讲求的"石分三面"和"皴"等，都可以很好地表现山石的立体感和质感。表现不同山石的形态和纹理时最好参照相关的参考资料（图3-40～图3-43）。

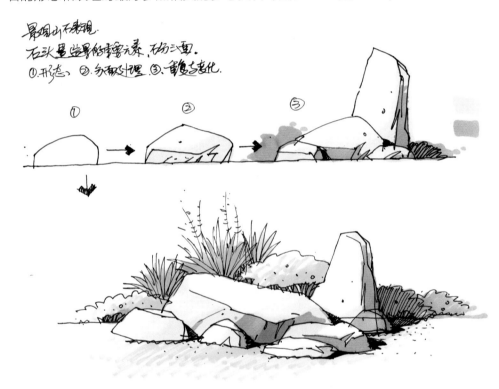

图3-40、图3-41 景
观山石组合表现

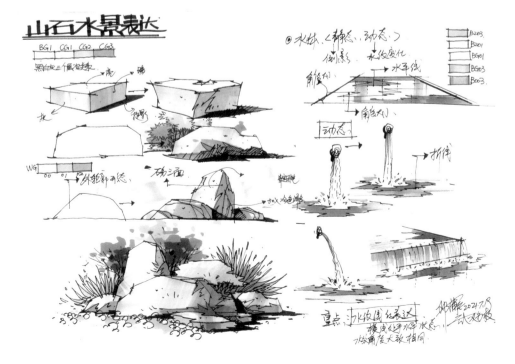

图3-41

Tips:①整体上色施一的黄
色调石材适当作别检一点
变化.
②植物表达注意体同冷
暖的变化
③注意画面的用暗对比
适当三用彩色(暗面)

图3-42 石材在景观空间中非常常用，掌握一些常规石材的画法十分重要

图3-43 景观山石组合表现

2. 水景的表现

水景是园林景观表现的重要部分。水景在园林景观中的运用就是利用水的特质、水的流动性贯通整个空间。画水就要画出它的特质，画它的倒影，画它微波粼粼的感觉。通常水由于受到日光的影响而呈现蓝色，水体的表现主要指水面的表现，水有静水和动水之分，动水又有波纹水面、水平动水和瀑布、跌水等垂直动水之分。

静水是指相对静止不动的水面，水明如镜，可见清晰的倒影。表现静水宜用平行直线或小波纹线，线条要有疏密断续的虚实变化，以表现水面的空间感和光影效果。

水平动水是静止的水平面，由于风等外力的作用而形成的微波起伏，表现动水平面多用波形或锯齿形线，也可利用装饰性线条或图案。

瀑布和跌水等要表现的是垂直动水，宜用垂直直线或弧线表现，表现时需注意其与背景的关系，做到虚实、简繁相互衬托。

水是无形的，表现水的形就要表现水的载体和周边的环境，水纹的多少表现了水流的急与缓（图 3-44～图 3-46）。

图3-44 流水的表现

流水表现

流水表现的几种形式

喷泉的流水动态

图3-45 流水的表现

图3-46 静水的表现

3.2.3 建筑、景观小品的表现

建筑、景观小品一般是指体量小巧、功能简明、造型别致、富有情趣、选址恰当的精美建筑景观构筑物。其内容丰富，在建筑园林中起点缀环境、活跃景色、烘托气氛、加深意境的作用，既能美化环境，丰富园趣，又能为游人提供休息和公共活动的场所，使人从中获得美的感受。

建筑、景观小品的分类：树池、景墙、休闲座椅（图 3-47 ～图 3-57）。

图3-47　树池的表现

图3-48　景墙的表现

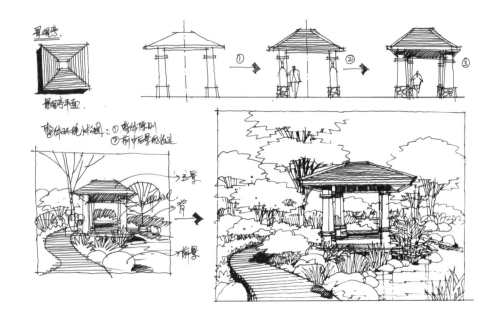

图3-49 ~ 图3-51 景观
亭的表现步骤

图3-50

图3-51

图3-52～图3-54　景观小品的表现

图3-53

图3-54

图3-55～图3-57 景观
小品的表现

图3-56

图3-57

3.2.4 人物、交通工具与天空的表现

在进行景观空间表现时，需要熟练掌握不同景观元素的表达，而常用的景观元素包括人物、建筑、轿车、公交、树木、地形、天空等，对它们的形态进行整合，形成特定的造型，概括于纸面上。在空间表现前期，多进行一些这方面的技巧训练十分必要，然而画好这些基本的元素并非套用公式，它只是帮助我们对特定对象进行快速表达，理解其中的比例、结构，从而快速掌握其基本画法。

1. 人物配景的快速表现

一般来说，表现图中的人物身长比例为 8 ~ 10 个头长，看上去较为利落、秀气。在画远处的人物时，可先从头开始，依次为头部、上肢、躯干、下肢四个部分逐个刻画，着眼于重大的关系与姿态，用笔干净利落，不必细化；近处人物可以表现清晰一点。

（1）人物的形象特征：

服装的不同类型、款式和色彩，可以表示出人的年龄段和层次。

1）前卫的年轻人——衣着大胆时尚，刻画时用笔要硬朗，上衣比例要短，适用的场景较多；

2）成功人士——一般身着西装，与皮箱、公文包搭配出场，表现时体态较宽胖，应用于办公楼、学校、街景等场景中；

3）标准的老年人——拐杖、驼背、宽肥的裤腿，两腿间距较宽，身旁常跟着小孩子，以增加其形象的生动性，用于小区景观等场景的表现；

4）少女——体态修长、腰高腿长、马尾轻摆，一般刻画为淑女、摩登女；

5）中年妇女——穿衣保守、传统，挎大包，两腿较粗，间距稍大。

（2）表现要点：

1）近景人物注意形体比例，可刻画表情神态，远景人物注意动态姿势；

2）画面上较远位置出现的人群，省略细部，保留外部轮廓；

3）近处人物的刻画可参考时装画中的人物画法，双腿修长；

4）具体构图时，不要使人物处在同一直线上，否则呆板；

5）众多人物的安置，头部位置一般放在画面视平线高度，有真实感；

6）男女的表现，除衣服上的区别，还可以调整人体各部分宽度、比例，男性肩部宽阔，臀部较小，线条棱角分明，女性肩部较窄，胯与肩同宽，线条圆润。

要快速画出简单的人物，首先需要对人物的比例关系有一个基本了解，理解人物比例后才能快速画出人物的各部分。先从头部开始，然后画出矩形躯干，接着加入四肢，一定要控制好比例关系，如果要让人物更生动，可以把头部稍微左右扭动一点，以便呈现出特定的姿势（图 3-58 ~ 图 3-64）。

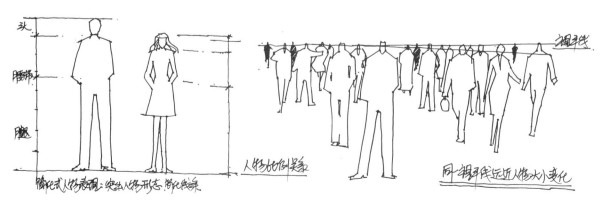

图3-58 人物的快速表现

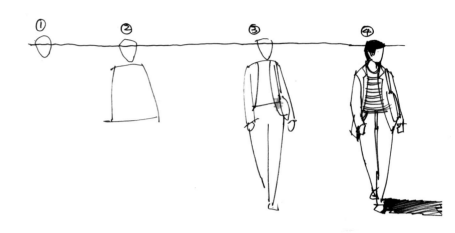

图3-59 正面人物的表现：在描绘前景中比较大的人物时，要想获得更好的效果，关键在于把握更加准确的比例与动人的姿态

图3-60 背面人物的表现：背影的人物刻画相对简单，减少了头部的刻画，适当增加一些配饰如挎包、围巾等，可以让人物更加生动

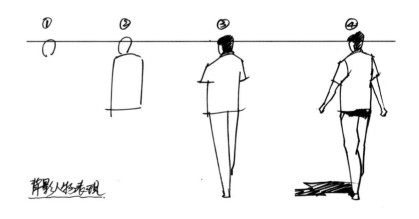

图3-61 背影人物的表现

图3-62 不同的人物形态深入表现

图3-63 人物的快速简化表现

图3-64 不同人物的色彩表现

2. 交通工具的表现

设计图的目的在于表现出设计意图，因此通过这些交通工具配景来表现场景的氛围非常重要。整体氛围的繁华或者清幽都离不开这些配景的表现。表现要点如下：

（1）注意交通工具与环境、建筑物、人物的比例关系，增强真实感；

（2）画车时，以车轮直径的比例来确定车身的长度及整体比例关系，根据画面要求设计车身色彩，车身有反光能力，应用笔触处理出简单变化，以表现对周围景色的反射效果；

（3）车的窗框、车灯、车门缝、把手以及倒影都要有所交代。

在描绘大多数交通工具的时候，将车按照比例关系分为三层，一般来说可以先画中间层，将车身正面的车盖、车身、车灯等绘制出来，接着处理顶层、车顶、车架以及挡风玻璃，最后是底层的底盘、轮胎、保险杠。具体绘制方法如图 3-65 ~ 图 3-69 所示。

图3-65 汽车表现步骤分析：以三段式的处理方式，先画出中间的矩形，然后加入旁边的侧板，接下来绘制顶层的挡风玻璃与车架，最后完成连接地面的车轮与底盘的绘制，还可以加入车灯与人物等，使画面更加生动

图3-66 不同类型交通工具的表现

图3-67 汽车表现步骤：简化为上、中、下三层。可以先画出中间的矩形，紧接着加入上层的挡风玻璃与框架，接下来画下层的底盘与轮胎，此时整个框架基本完成，依次加入一些细节，如车灯、车牌、后视镜等，增加配景的生动性

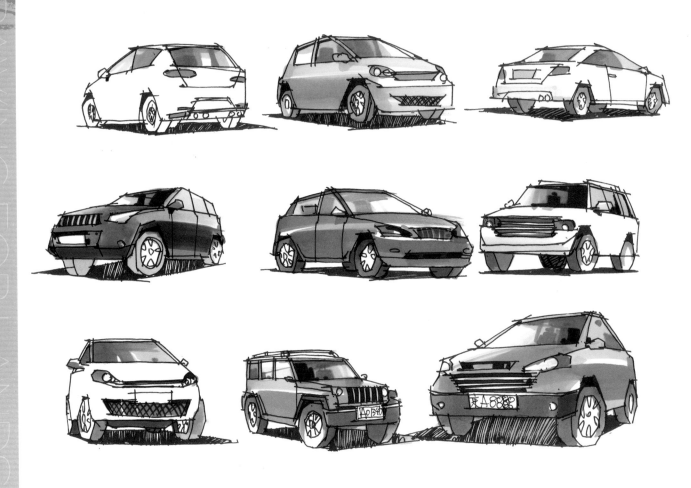

图3-68 汽车马克笔表现

图3-69 汽车配景在空间表现中的运用（马晓晨）

3. 天空的表现

（1）天空通常呈渐变的颜色，地平线附近的颜色较浅，越到天顶越蓝，适当勾画一下云朵的感觉即可；

（2）在表现时通常利用彩铅作简单勾画，不需太深入，稍做交代即可（图3-70）。

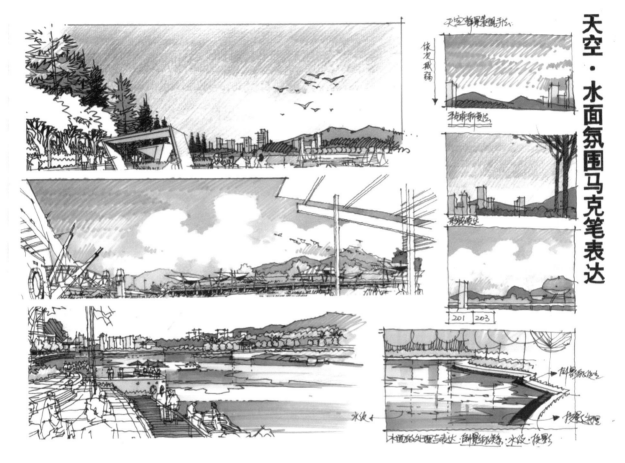

图3-70　不同类型的天空表现方法

3.3 景观空间设计实战表现案例步骤解析

3.3.1 儿童活动区景观表现案例（图3-71~图3-74）

图3-71 步骤一：根据空间规划的内容勾画出基本的空间透视关系，表达的重点侧重于景观空间的结构关系，弱化具体形态的刻画，回归到空间表达的本质。线稿处理要考虑好光影关系，设定一个合理的光影关系，强调线条的虚实，一般采取近实远虚的手法

图3-72 步骤二：着色前对整个画面的色彩有一个基本的思考，整体以蓝色调为主，选用偏灰的绿色对远景的植物进行铺色，暖色靠前，冷色靠后

图3-73　步骤三：逐步完善整个画面的色彩关系，利用不同深浅的蓝色把地面铺装的变化画出来，着色时适当注意色彩色相的变化

图3-74　步骤四：完善整个画面的大部分色彩，包括天空的色彩，天空的色彩应该稍微淡雅一点，不宜太重，画面的后面增加了植物，以完善画面的构图，达到画面的均衡感

3.3.2 滨水景观空间表现案例（图 3-75 ～ 图 3-80）

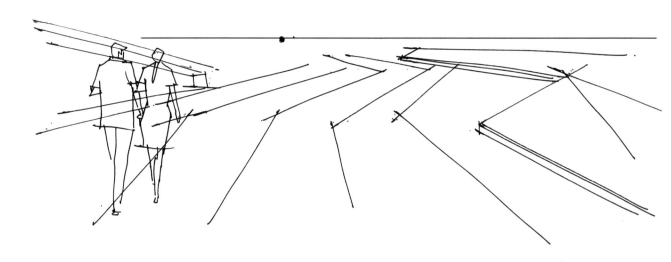

图3-75 步骤一：此案例是一个滨水景观空间表达，因此第一步要确定地平面的位置，因为地面的形态变化为设计的重点，所以视平线确定在中间的位置，根据空间的初步构想，先用大线条从主体结构出发，对地面的布局形式做一个定位，这个时候要大胆

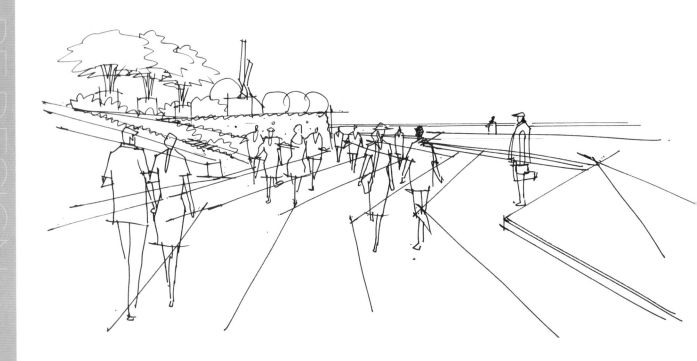

图3-76 步骤二：有了初步的结构形态后，为了避免前后遮挡关系，前期适当加入部分人物配景，突出画面的氛围

图3-77　步骤三：调整完成线稿，确定线稿的黑白灰关系，适当地进行材质的刻画，完成周边的建筑与环境的配景

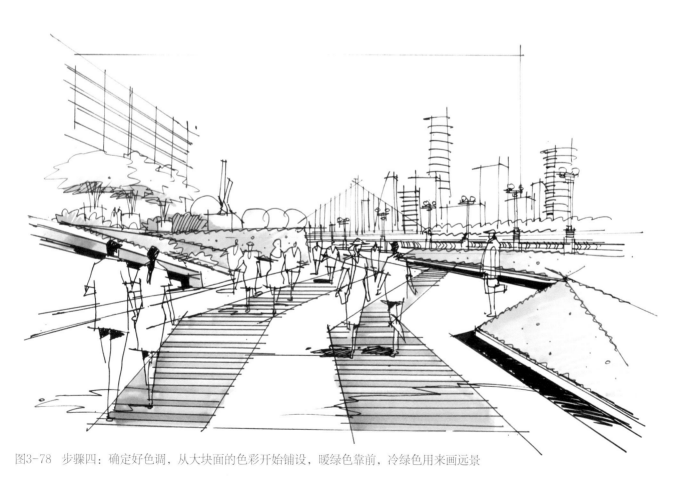

图3-78　步骤四：确定好色调，从大块面的色彩开始铺设，暖绿色靠前，冷绿色用来画远景

图3-79 步骤五：完成基本色彩的铺设，三大主色调，草地、天空、木质铺装，确定好整个画面色彩的基调

图3-80 步骤六：在大色调的基础上进行小范围的调整，一般从光影关系着手，强化光影变化，增加色彩的冷暖对比，完善环境配景与人物的表达，统一整个画面，直至完成

3.3.3 景观售楼处样板间表现案例（图 3-81 ~ 图 3-84）

图3-81　步骤一：线稿表现的要点在于空间透视关系的把握，一般采用一点透视比较容易掌握，根据画面设定好从左边来的光源，根据光源把投影关系处理好

图3-82　步骤二：根据自己的设想给画面确定一个色彩的基调，从中央的草坪开始进行着色，草坪与前景颜色稍微用一点偏暖的亮色

图3-83　步骤三：完整主题色调以及前景草坪与前景植物的刻画，注意画面光影关系的把握

图3-84　步骤四：前景增加了部分投影，为了增加空间的前后关系，以及画面的冷暖色调的控制，用彩铅进行天空的刻画，渲染画面的氛围

3.3.4 公园景观鸟瞰图表现案例（图 3-85 ~图 3-88）

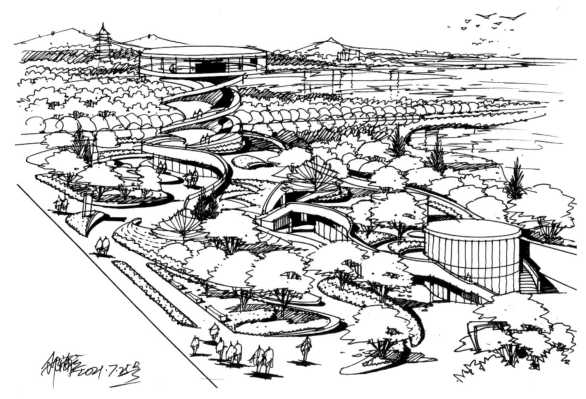

图3-85 步骤一：此案例为公园中心景观鸟瞰图，一般鸟瞰图表现的场景相对比较大，很难对细节刻画得那么细致，也不需进行太深入地刻画，抓住大的关系即可，需要注意透视的准确度与各个元素之间的比例尺度关系

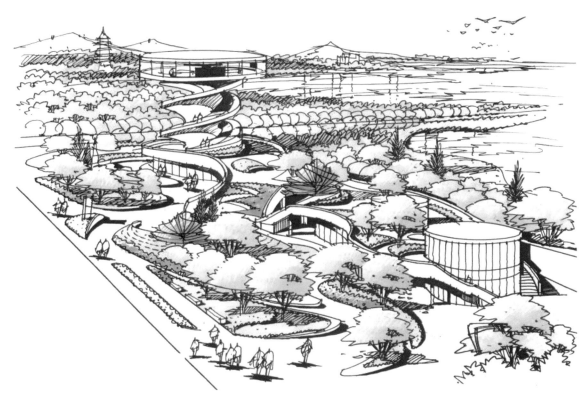

图3-86 步骤二：在完成线稿之后，进行大胆着色，用浅绿色对乔木、灌木草坪进行铺色，用浅蓝色对水体进行区分，获得整体的色彩关系

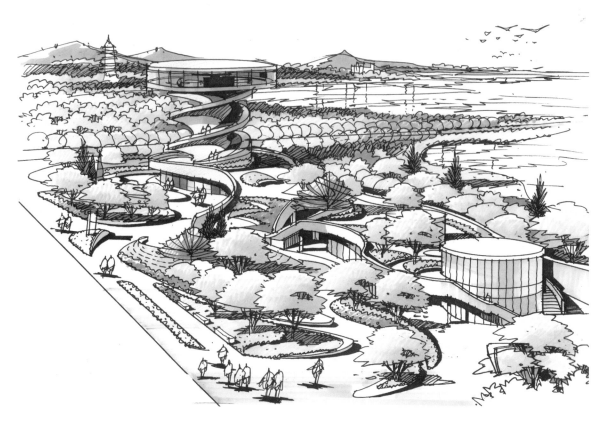

图3-87　步骤三：在完成整体的色彩关系后，适当增加画面色彩的变化与明暗关系变化，强化图面的对比效果

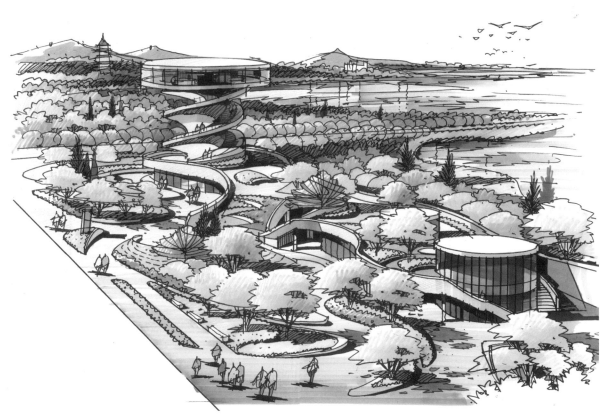

图3-88　步骤四：最后通过阴影对画面进行统一，衬托画面的氛围，调整整体的色彩关系与光影变化，完成整个画面的表达

3.3.5 校园绿地中心景观表现案例（图 3-89 ~ 图 3-92）

图3-89 校园绿地景观线稿表达，需注意构图与尺度关系

图3-90 步骤一：此案例为校园中心绿地景观表现案例，确定廊架的主色调，开始进行第一遍的铺色，画出画面的整体
色彩关系

图3-91 步骤二：从植物开始上色，把植物设定三个层次，远景植物、草坪、背光面的植物，分别选择黄绿色来铺设草坪，灰绿色来画远景，偏冷的绿色来画背光的植物

图3-92 步骤三：完成天空配景的表现，最后调整画面的对比度以及完成整体关系的表达

第4章 景观图纸表现要点与绘制方法

4.1 快速设计的表现成果

　　快速设计的成果要简洁、明确、概括，以精炼的图示展示出思维活动的过程。在不同的阶段对图纸要求也不一样。所有的方案设计都是由草图阶段开始的，所以在草图设计阶段，根据自己的思维，一旦出现灵感，就要快速表达出来，绘出概念草图，在概念草图阶段可以奔放自由，以狂草的形式出现都可以，只要自己能够看清楚即可。随着思考方案的不断深入，原来模糊的印象也慢慢清晰起来，如图4-1、图4-2清晰地展示了售楼处方案设计构思的过程。这个阶段的图纸作为一个最终的设计构思成果，需要满足与人交流和沟通的需要。在快速表现的过程中，只要掌握了合适的方法，就可以在短期内有一个很大的提升。

　　一般来说，快速设计表达的成果主要包含以下内容：总平面图、立面图与剖面图、节点详图、透视图或者鸟瞰图、分析图、设计说明与排版等。本章中将依次讲述不同类型图纸表现的要点与方法。

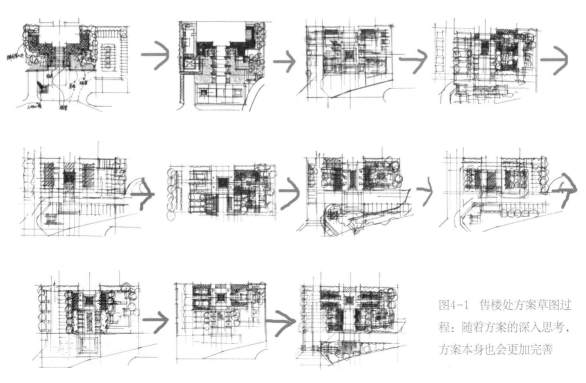

图4-1 售楼处方案草图过程：随着方案的深入思考，方案本身也会更加完善

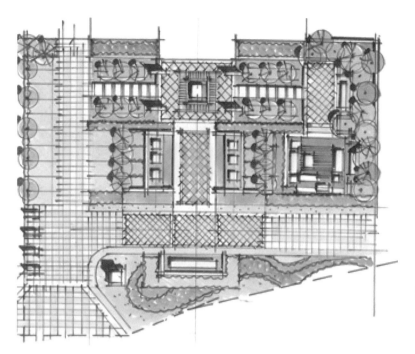

图4-2　售楼处方案定稿（秦志敏）

4.2　总平面图

总平面图用以表达一定区域范围内场地设计内容的总体面貌，反映了景观环境各个部分之间的空间组合形式和规模。它集中表达了设计者的场地构思，也是所有图纸中含金量最高的一张图纸，其他的图纸都是围绕总平面图来开展的。总平面图的具体内容包括以下几个部分：

（1）表明规划设计场地的边界范围及周边环境的用地状况；

（2）表达对原有场地地形地貌等自然状况的改造内容和增加内容；

（3）在一定比例尺下，表达场地内部建筑、构筑物、道路、水体、地下或架空管线的位置和外轮廓；

（4）在一定比例尺下，表达景观植物的空间种植形式与空间位置；

（5）在一定比例尺下，表达场地内部的设计等高线位置及参数，以及构筑物、平台、道路交叉点等位置的竖向坐标。

除了上述5项内容外，平面图还要包括构筑物的具体范围和平面空间形态、小品设施、铺装纹样、乔木灌木以及地被的配置情况等综合信息。

绘制总平面图的几个基本要素：1）不同水面表现；2）常用植物平面图例；3）标注的方法与比例。

4.2.1. 平面图中水面的表现

总平面图中的水面表现分为规则水面和不规则水面。规则水面，表现手法比较简单，重点记住水体轮廓线要加粗，其他的可以通过上色来体现，若快题时间紧张，可以重点将水体轮廓线按照光影的方向进行加粗，表现出画面的层次关系以及跌水的高差关系即可，避免画面杂乱（图4-3）。不规则水面，水体的轮廓线要加粗，再用细线将水面的等深线画出，水体轮廓线及驳岸岸线，内侧画1~3根不同深度的等深线，这种画法的好处是可以清晰地表达岸线的深度和情况，同时等深线也增加了画面的表现力（图4-4、图4-5）。

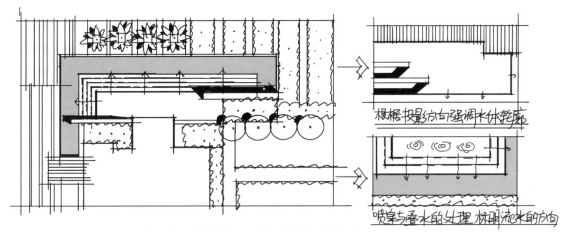

图4-3　规则水面的表现，注意将水体轮廓线按照光影的方向进行加粗

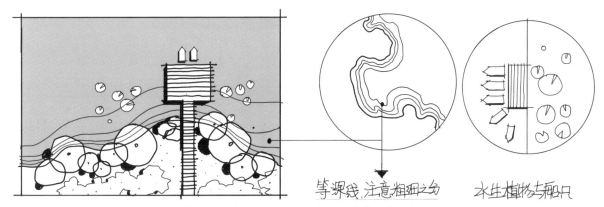

图4-4　不规则水面的表现：水体的轮廓线要加粗，再用细线将水面的等深线画出

图4-5　别墅游泳池区域平面表现，根据水面的高差，在颜色上面进行适当的区分

4.2.2 景观平面图表现与图例画法

总平面图中的植物设计体现在空间的塑造上。植物设计是空间形成的一个重要组成，需符合整体布局上的空间逻辑要求，而不是总平面图的空间点缀。一般来说，总平面图只需要几个大致颜色把整体关系区分出来即可，局部点缀一些有色植物，同时重点突出的植物可重点刻画。总平面图上只要能够区分出乔木、灌木、花草、棕榈、常绿与落叶植物即可。大致参照尺度进行不同深浅层次的刻画（图对于比例尺大于或等于1：500的图面，需要对植物进行单株标识，但只要表现出乔木、灌木和花草三个层次的植物种类和基本配置方式即可，同时也可以用色彩的变化表达植物不同季节的样貌（如常绿、落叶特征，图4-7）。

绘制总平面图中的植物是根据植物的形态特征进行抽象化的表达。常见的植物平面线稿画法主要包括阔叶植物类、针叶植物类、绿篱、灌木丛等，植物的大小应当根据植物的种类按冠幅成比例地绘制，基本合理即可。

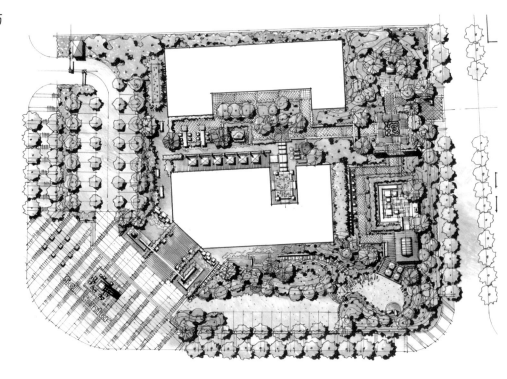

图4-6 中尺度空间平面图，植物图例表达相对概括，区分出不同的植物类型即可（秦志敏）

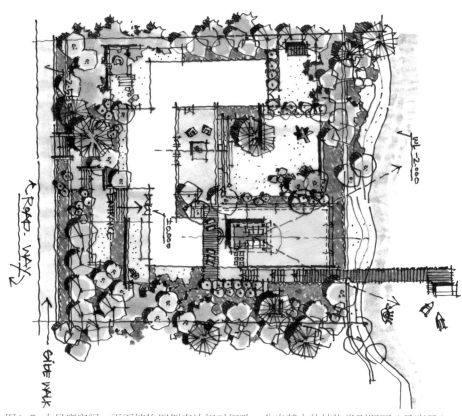

图4-7 小尺度空间，平面植物图例表达相对细致，分出基本的植物类别即可（马晓晨）

1. 常见景观图例的画法与表现方式

常见的景观图例画法是我们能够快速准确、专业地进行图纸绘制的前提，如果对于基本的平面元素图例都不能准确把握，那么总平面图就很难达到理想的效果。下面依次介绍一些不同的景观图例的表现方式。一般常用的图例如下：亭廊组合、景观花坛、建筑屋顶平面、台阶、水景、坐凳、道路等（图 4-8 ～图 4-10）。

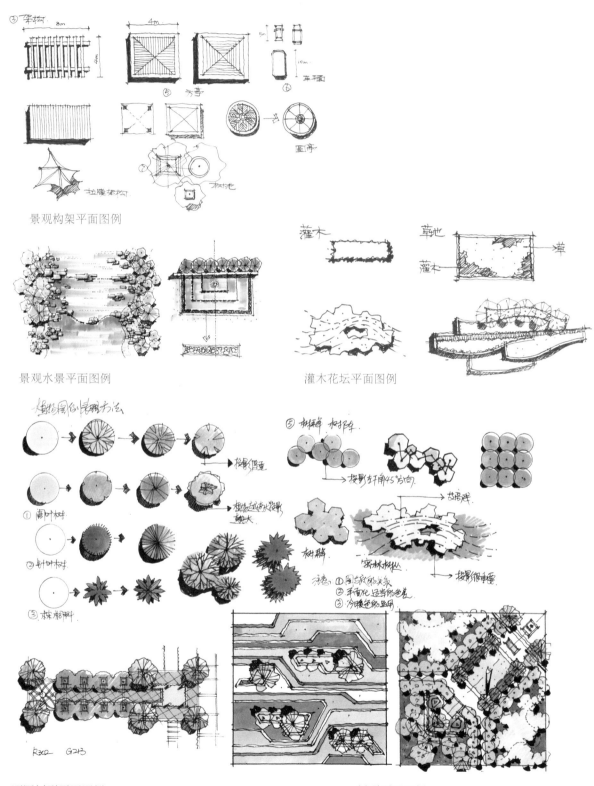

景观构架平面图例

景观水景平面图例　　　　　　　灌木花坛平面图例

不同树形平面图例　　　　　　　树群平面图例

图 4-8 ～图 4-10　常见景观图例的画法

2. 平面图设计与色彩表现技巧

在总平面图中，素描关系是表现的骨架，可以不上色，但务必要表现阴影，反映高差关系，增加画面的层次。

一般来说，在画平面图的时候要统一阴影的方向，一般采取斜向 45° 角来绘制，光源从左上角下来。其次，平面图绘制的时候需要注意线形的关系变化。在一张快速表现图中，短时间内很难把画面绘制得十分细致，重点刻画图中的重要场地和元素，而一般的元素则采取简明的绘制方式，以烘托重点，节约时间。

上色后更能够体现出整体的画面效果与层次关系，如果在平时能够熟悉相关的色彩搭配，在使用的时候可以直接套用，又快又有效果，色彩有三到四个层次即可，注意色彩对比关系。

下面通过一个居住区的平面方案设计来讲解景观平面图的设计流程与绘制技巧（图 4-11～图 4-15）。

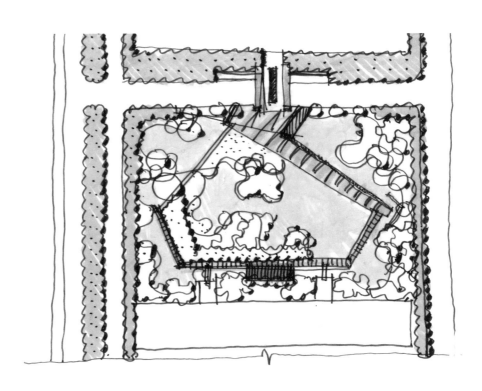

图4-11 概念设计草图

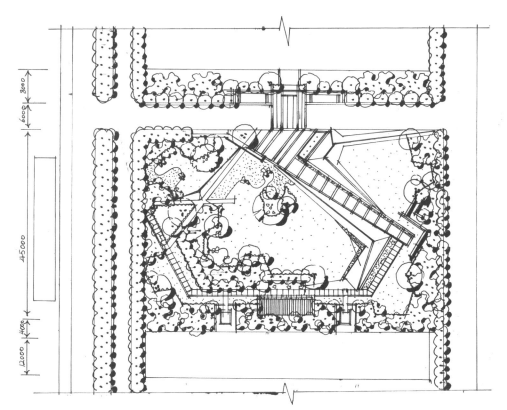

图4-12 根据所设计的平面创意草图来进行深化设计，形成最终的方案设计定稿，一般采取斜向
45°角来绘制，光源从左上角下来，安排好植物的层次关系，务必表现出阴影关系

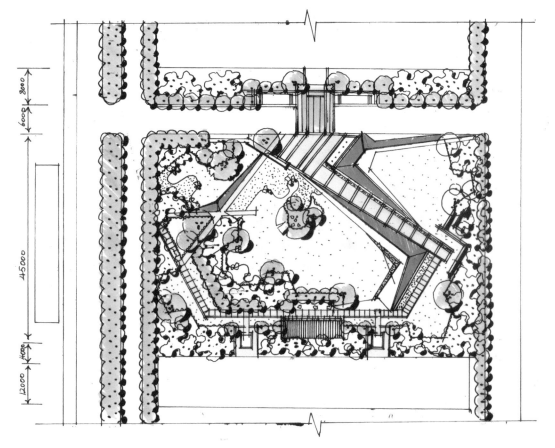

图4-13 上色前先考虑好几个色阶以及图与底的关系，初步确定草坪、乔木、灌木三个植被层次，分别选
择三种不同明度的色彩来进行上色，草坪选择浅黄色，乔木选择绿色，铺设出大致的色调

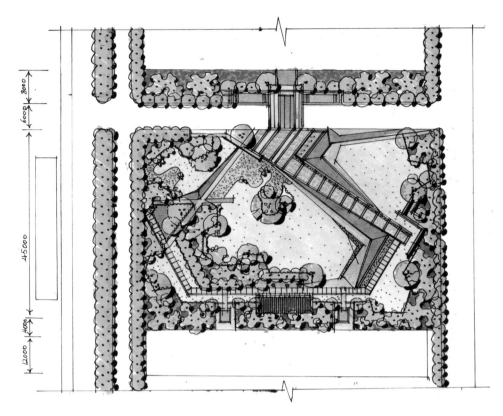

图4-14 根据上色的流程一次完成灌木、水景、地面铺装、构筑物的着色，完成整个平面图的着色，一般来说平面图上色不超过五种颜色

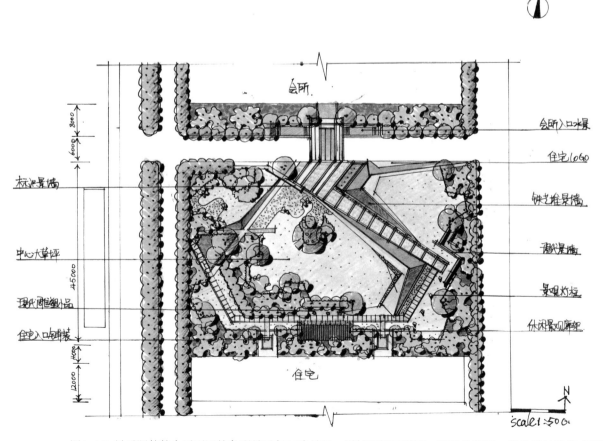

图4-15 最后调整整个平面图的色彩关系与层次关系，增加图例子说明，以及比例尺，指北针的绘制（魏军

4.2.3 比例与标注

在绘制平面图的时候一定不能够忘记指北针、比例尺、图例说明等，一般图纸都是以上方为北，即使倾斜也不宜超过 45°，指北针应该以简洁的图例为主。

比例尺有数字比例尺、图形比例尺两种，图形比例尺的优点在于会随着画面与原图一起缩放，便于量算，最好两者都标注上，以便于读图。图形比例尺一般结合指北针一起来画（整体平面图表现），其他元素还有：风向标、等高线、图例、图名、剖切符号、平面标注等。

不同尺度、比例和要求的场地的平面表现，建议在总平面图中添加平面标注，既是完善设计思考的重要环节，也是反映设计图纸成熟度的重要指标，在平面图纸绘制中，均匀、美观、准确、清晰地标注平面对象标注，不仅能加强阅图者的理解，也是平衡版面的重要元素。图纸标注一般有三种方法：引线标注法、直接标注法、图例标注法。

引线标注法：把设计内容用引线引出，并排列标注出对象的内容，多见于设计内容较复杂的平面（图4-16）。

直接标注法：直接标注与设计对象内容有关的信息，但要求标注内容简洁明了，不会影响设计内容的识别（图4-17）。

图例标注法：在平面图中对重要节点与设计内容编号，在空白边缘处按编号排列所示名称与内容。多见于设计内容较多的总平面图标注（图 4-18）。

切忌标注混乱模糊，引线交叉，文字行与行之间交错不对齐，文字、引线不要太大、太粗，不要干扰识图，所有的字体都是图面的组成部分，最好工整严格地与总图互为补充，均衡构图。

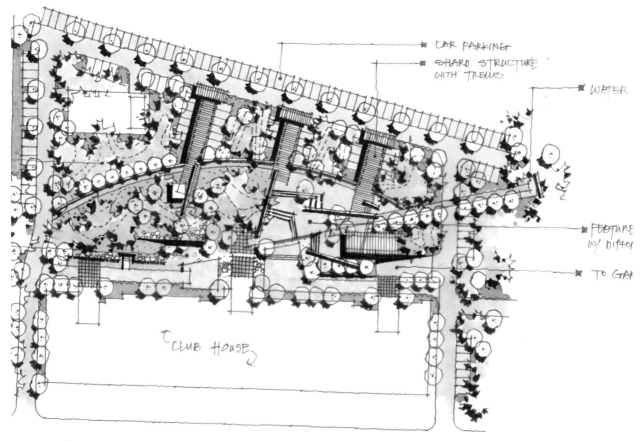

图4-16 引线标注法（马晓晨）

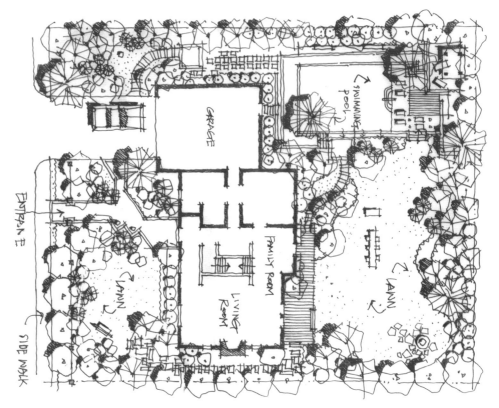

图4-17 直接标注法（马晓晨）

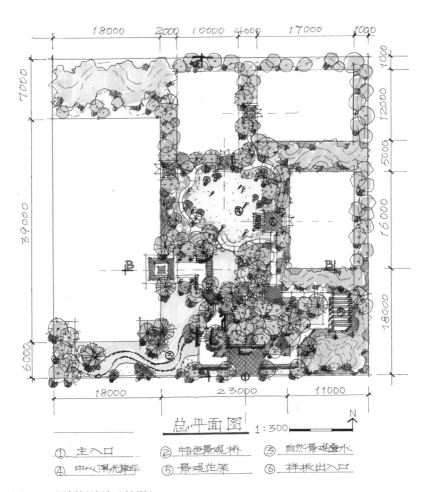

总平面图 1:300

① 主入口　　② 特色景观桥　　③ 自然景观叠水

④ 中心阳光草坪　⑤ 景观花架　　⑥ 样板出入口

图4-18 图例标注法（柏影）

4.3 立面图、剖面图的绘制方法

　　立面图或者剖面图是对平面图的一个补充说明，由于在平面图上很难反映出竖向的高度变化，通过立面图或者剖面图的表达，可以更加准确地反映出整个设计意图与要点。一般来说，平面图、立面图、剖面图是同时进行的，思考推敲修改，相互参照，最终使方案设计趋于完整。

　　因此，在景观设计中，立面和竖向的处理也是非常重要的一个环节，设计者常用剖面图表达这两项内容，剖面图借助界面剖线反映各个设计要素，诸如地形、水体、植物等。剖面图能清晰地反映竖向关系、细部做法等，通过剖面的解读可以建立竖向高度上的空间概念，以及不同高度空间在平面上的衔接关系。在很多情况下，尤其是竖向高程变化较为明显，或者以地形整合为主体设计的景观空间，立面图和剖面图是验证平面结构是否合理，空间尺度是否合适以及深化细节设计的方式和方法。

　　剖立面图要画出基底界面和天空界面的分界线，地形剖面用地形剖断线表示，水面、水池剖面图要画出水位线和池底线，构筑物要画出建筑轮廓线，植物画出植物轮廓线，若比例较大，还要画出植物的植株形态。剖面要画出剖切的下层空间内容、衔接方式、甚至简单的工程做法（图 4-19）。

　　画剖面图要准确把握空间的尺度关系，前后的层次关系，一般有前景、中景、远景三个层次即可，加上背景更好。同时能够准确表达不同高程位置上的设计内容。

　　要准确地表达不同景观元素的形态特征和色彩特征，植物表达注意整体的形态特征与尺度即可。此外，一定要注意尺度上的比例关系，在表达中，可以根据设计的具体情况具体分析，在立面、剖面中加入配景素材，使主体空间更加完善丰富。

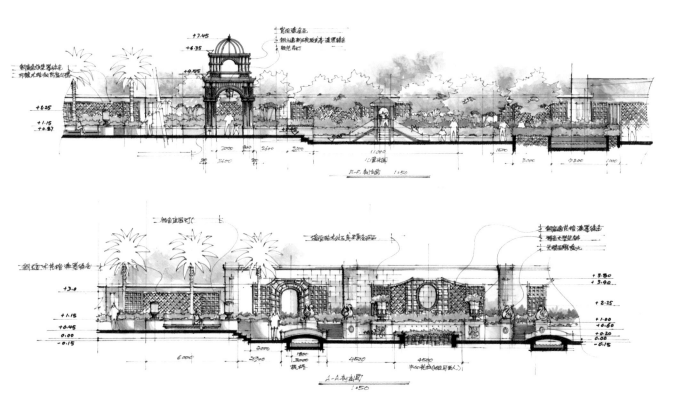

图 4-19　景观剖面图表现（秦志敏）

剖面图常见的三种绘制方法（图4-20）：

（1）同比例同方向：在画剖立面图时，主要在于量取水平距离，如果剖面线在总平面中是水平的，那就直接将剖立面放在平面的下方，直接用直尺垂直拉线；

（2）同比例不同方向：如果剖面线不水平，可以用拷贝纸边缘放在剖面线上并标出水平位置，这样速度会快一些；

（3）不同比例、不同方向：有时平面的比例尺和剖面的比例尺不一样，这种情况下可采用相似三角形的画法进行快速放大。

剖面图绘制常见的问题：

（1）比例尺度明显失真，缺乏层次；

（2）元素缺乏细部刻画，显得单薄；

（3）线形关系不清，剖面图表现凌乱。

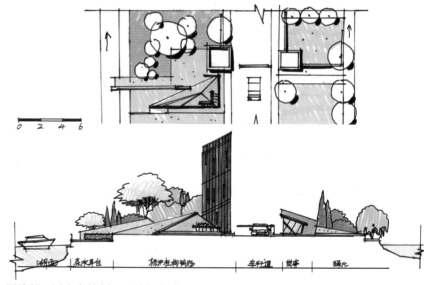

同比例、同方向的剖面图绘制方法

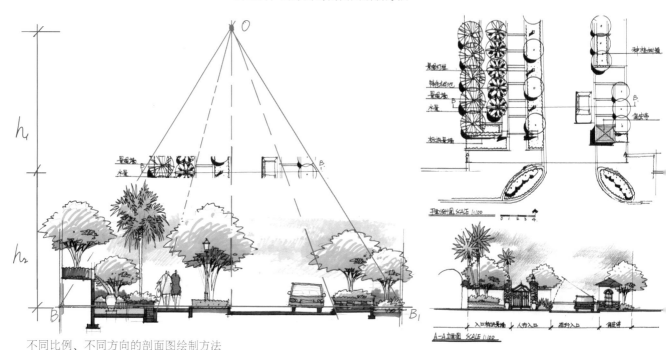

不同比例、不同方向的剖面图绘制方法

图4-20 剖面图绘制方法

景观剖面图范例（图4-21、图4-22）：

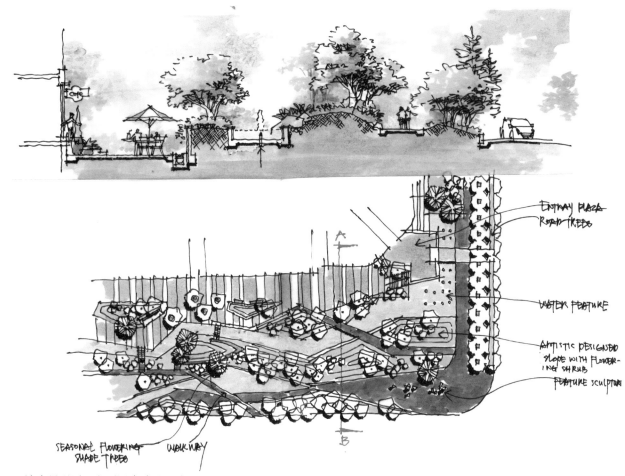

图4-21 滨水景观平、立面图表达（马晓晨）

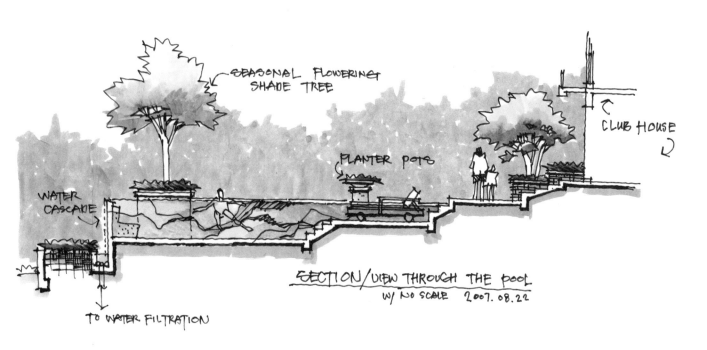

图4-22 别墅庭院景观剖面图表现（马晓晨）

4.4 透视图表现

上一章已经详细阐述过透视方法以及透视图的画法，本节不再对透视方法进行详细阐述，会相应介绍一些具体的经验画图方法，透视图相对于平、立面图来说更加复杂，也是学习者遇到的比较棘手的一个问题，一张好的透视图可以让整个图面看起来更加舒服，也能够很好地反映作画者的设计与艺术修养。

透视的原理讲解起来十分复杂，对于快速设计表达来说没有太多必要去研究透视原理，只需要掌握基本的透视法则以及一些常用的构图方法即可。再加上自己的大量练习，一般都能够掌握快速手绘草图的表现（图 4-23、图 4-24）。

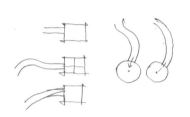  

学会找到视觉焦点　　　　　抓住主要结构线以及天际线，注　　　多画小构图，培养空间尺度感
　　　　　　　　　　　　　意前景、中景、远景的组合关系

图4-23　透视图练习

图4-24　一点透视空间范例：透视图表现抓住主要的结构关系，突出设计主体，弱化背景与周边环境（柏影）

4.4.1 如何快速进行效果图表现

效果图是根据总平面图绘制而成的，顾名思义就是根据透视的法则进行绘画与表现的图，能够符合视觉规律地把空间环境表达出来。绘制效果图要做到：透视准确；构图巧妙；尺度、比例准确；层次分明；前景、中景、远景表现恰当；主次明确，主景重点突出，配景、远景弱化、淡化；线条娴熟，素描关系准确；色彩淡雅，注意表现场景的氛围。

视点及视线的选择是为了反映主要的设计意图，不要盲目地选择视点及视线。视距过近，则视角过大，易失真。

视高一般选择正常人眼视高，约 1.6 m，为了构图需要，也可稍微升高或降低视高。画面中所有人眼都位于视平线上（图 4-25 ~ 图 4-27）。

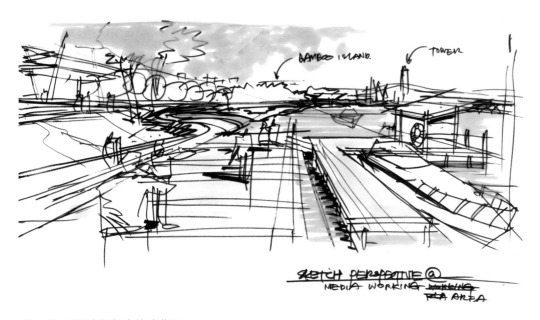

图4-25 景观空间概念快速草图

图4-26 景观空间设计细化线稿：在原有的概念草图基础上深入与细化，在深化的过程中逐步完善前期不确定的因素

117

图4-27 景观效果图表现（马晓晨）

4.4.2 快速方案草图表现

　　很多时候需要快速进行设计创意，尽快抓住脑海中的概念与想法，抓住转瞬即逝的灵感，通过空间草图来进行推敲方案，快速方案草图也因此要快速简洁，说明问题为主，去掉复杂的细节和质感表现等，抓住空间重点即可（图 4-28 ~ 图 4-30）。

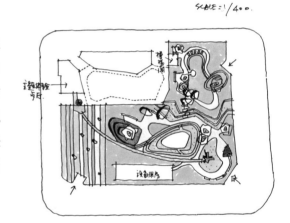

图4-28 屋顶花园平面方案设计（马晓晨）

图4-29 屋顶花园景观空间草图设计：一般在进行正式的草图表达之前都会进行快速的草图构思与分析，突出设计的重点

图4-30 景观草图的细化表现（马晓晨）

4.5 设计分析图表现

在不同的阶段，分析图的作用与目的也不一样，在设计初期，通过泡泡图可以分析与了解各种有利与不利因素、空间关系等，这个阶段主要是以推进设计为主，这种分析图往往会比较潦草，更多的是设计者本人思考分析之用。

景观快速设计中最常见的分析图主要包括以下几类：功能分区分析图/景观分区分析图；交通流线分析图/道路交通组织图；景观格局分析图/景观视线分析图；绿化种植分区图；概念结构分析图等。

分析图绘制要点：

（1）分析图通常用简化明了的符号简单地表达设计意图，直接传达设计的总体思路；

（2）图例恰当并有明确的图例说明，分析图绘制的原则是尽可能醒目、清晰、直观地将设计简化，用符号化的语言呈现，图幅不宜过大，以免显得空洞；

（3）色彩鲜明，通常用马克笔直接绘制，用色宜选择饱和度高、色彩鲜艳、对比明显的颜色。

分析图的绘制通常分为两种情况：

一种是平面图所占的图幅不是很大，有条件可用纸张为透明的拷贝纸或硫酸纸来蒙图，这样画的分析图较准确，且节省时间；

另外一种是不具备蒙图的条件，需要另外画缩小的简易平面图，在缩小的平面图的基础上绘制分析图，需要注意的是简易平面图对准确性要求不高，只要能表明主要关系即可。

正确的表达方法：在绘图时应用比较规范的符号，将不同的分区作概略的框选，然后可以在内部填充较透明的色块。每一个分区框线和填充色都是同一种色彩，各个不同分区用不同色彩加以区分，再用图例在空白处标注出来。如果是在考试时，允许用透明拷贝纸或硫酸纸来蒙图描绘分析图则更好；如果规定必须在一张或两张给定的纸面上完成，可以用缩小的平面图概略地描绘，说明清楚是分析图表达的重点（图 4-31 ～图 4-33 ）。

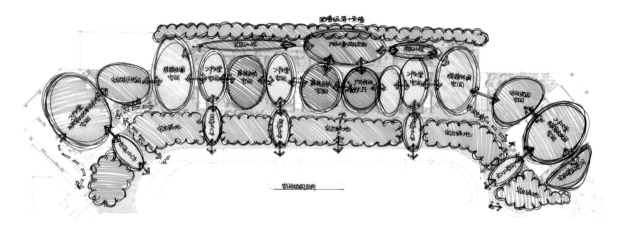

图4-31 景观空间分析图

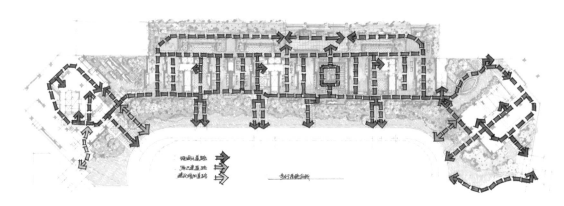

图4-32 景观人流分析图

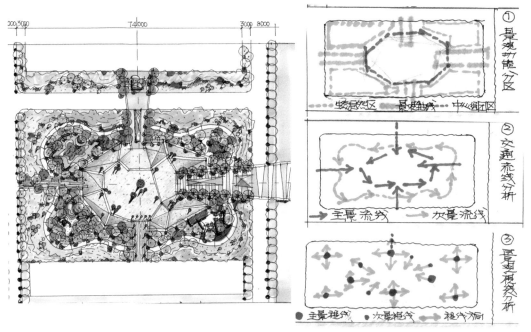

图4-33 景观分析图的示范

120

4.6 定稿与排版

一个优秀的版面展示可以为方案加分，从排版情况和图面的整体效果能判断出设计者的艺术修养和基本功，同时，整洁美观的图面将给人以良好的第一印象。排版时注意把重要的图放在整张图纸的视觉中心。绘制表现图表现方式自选，应体现设计者一定的审美能力，表达设计意图，显现个性和风格。尽量隐藏和弱化设计者的弱点。表现图应该重比例、透视、构图，以素描关系为基础，稍加阴影，交代清楚即可，应表达清楚设计者的想法和设计思路。设计说明应突出重点，简明扼要，主要内容有功能布局、交通流线、景观分析等（图4-34、图4-35）。

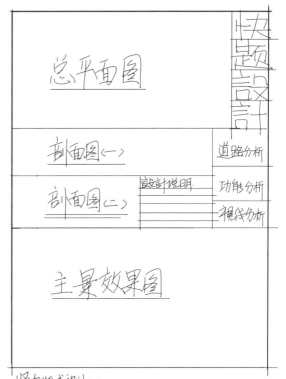

图4-34 版面结构示意

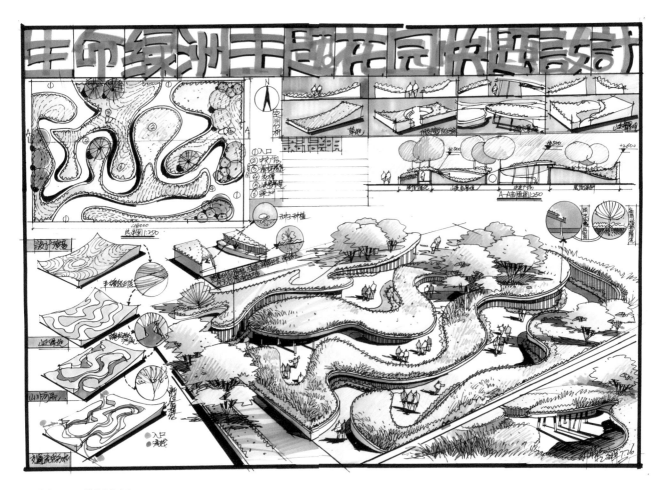

图4-35 排版范例

第5章
景观创意构思与快速
方案设计解析

5.1 设计基础与方法

景观设计的方法常常始于调查，即调查开发商或业主的目的、需求、场地的尺度、潜在使用者的需求等，这一过程被称为立项、场地勘测、场地分析，调查结束后就要进入下一个阶段的概念设计。概念的过程体现了改善场地景观的一些思想，然而这些思想如何获得？这就需要先探讨创造性的过程，思考这些概念是如何形成的。

在平时的工作或学习过程中，通常我们总会想使用一些容易的方法，"我以前见过类似还不错的设计，我以前在其他项目上面成功地运用过这个想法"等等，类似于我们在设计中常用的概念意向图。这些想法本身并没有错，很多时候为了工作高效不得不多运用这些方式，但是在使用这些保守的方法同时，应当经常用创造性的思维模式加以平衡。如何才能够提点新想法，例如试着去改变物体的形状，经常拿一些熟悉的物体或者形式做试验，做一些不太可能的组合、扭曲、纸张折叠等，有时候会得到意想不到的形态。

设计思维的类型有很多，理想的设计思维并不是纯粹感性的拼贴式设计，也不可能是机械呆板的纯粹理性推导，而更多的是多重思维活动类型的动态综合。要善于运用不同的思维方式来生成新的构想，形成思维激发器。接下来讲述如何将总体的思维转为具体的景观形式与材料的设计过程。

景观设计是一项复杂的工作，涉及的内容繁多，而很多时候学习者的知识结构与设计经验、动手能力都不相同，很多常识性的问题与知识是新方案生成的起点，比如功能布局、空间结构、平面形式、道路交通、文化内涵、植物设计、地形处理等。由于一些基础知识的欠缺，会导致方案不合理，内容空洞，缺少深度。而如果是在考试的情况下，需要考生在几个小时内完成整体方案设计也很有难度。很多考生在拿到任务书的时候不知道如何下手，对整体方案设计没有一个明确的思路。本章节将针对快题考试，对考生应该了解的基础知识进行简单归纳，希望能帮助考生快速提升设计水平与能力。

5.1.1 基地现状分析

基地现状分析就是把握现状的特点，理解场地的结构过程，包括基地的地形特点，项目的背景环境、设计的范围、设计对象等，这些都是可以直观地从任务书中了解的信息。在设计的起始阶段，需要快速把握场地的特征以及与周边的环境关系，以图示化的语言符号简易表达，并能够充分分析出场地内部的各个要素与不利因素，为下一步构思与布局做铺垫。

与周边环境的关系：详细了解基地与周边环境的关系对于后期设计的交通组织关系很大，基地周边的构筑物对于基地出入口的设计也起到了决定性的作用。

设计服务对象：一般在任务书中都会有一个明确的设计服务对象，是满足校园休闲活动还是商业广场休闲等，这些信息都可以通过任务书得到，不同的服务对象设计方法相应也会不一样。

下面通过一个具体的案例来进行现状分析，如图 5-1 是一个 L 形的城市开放绿地，需要满足市民集散、休闲、亲水、看展览的目的，这些是从任务书里面直接得到的信息。

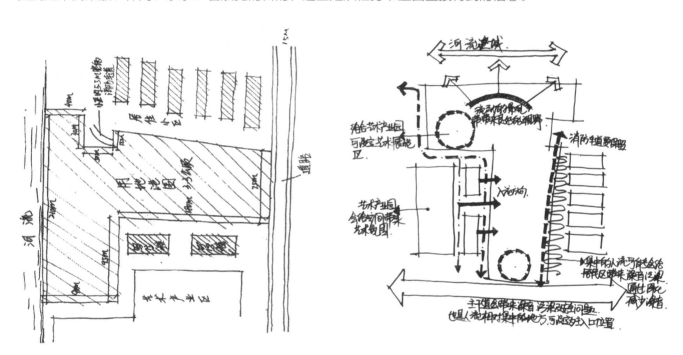

图5-1 原始地形图和基地现状分析图

5.1.2 方案设计构思与形象定位

景观的设计构思与布局是通过系统地分析场地的现状特征、明确的场地用地性质、规模、功能等具体要求，提出方案发展的目标与方向的过程。在这个阶段一般从以下几个方向进行思考：1）梳理已知条件，掌握场地特征；2）明确设计对象目标，把握设计方向；3）确定使用功能内容，合理组织布局；4）明确场所氛围，塑造空间系统；5）提出景观设计构思创意，确定总体景观特征与结构；6）根据实际内容，完成形式构成等内容。

在快速设计的题目中，一般会明确地提出场地应该满足的功能，考生需要完成的是：提出具体的设计目标与方案发展方向，在现有的地块上面创造性地解决矛盾和满足需求。在这一阶段包括：

（1）明确的用地性质，用地性质决定了方案设计的目标以及发展方向；

（2）设计者需要根据场地特征、功能要求、底蕴文化等方面的内容，对地块提出概念的解决方案；

（3）据前期分析，提出合理的设计构思与定位（图5-2～图5-4）。

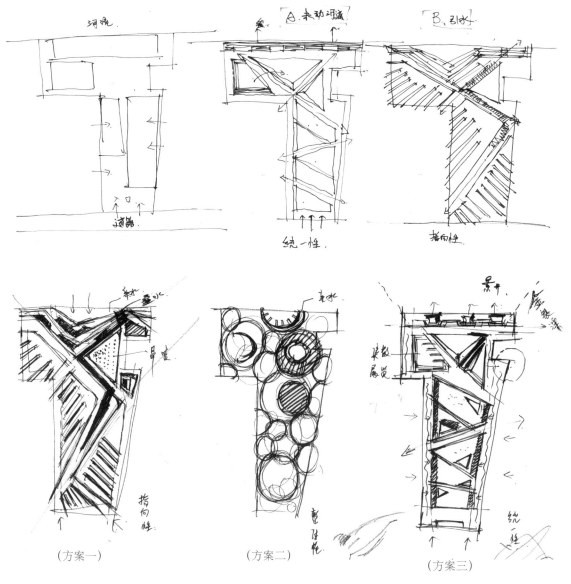

（方案一）　　　　（方案二）　　　　（方案三）

图5-2 方案构思的前期概念分析

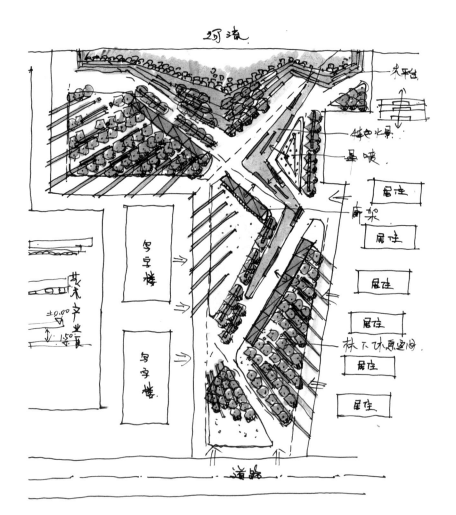

图5-3 方案一草图
深化设计（李劲柏）

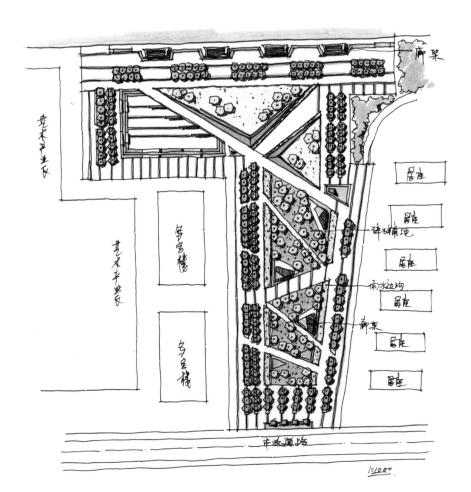

图5-4 方案三草图深
化设计（李劲柏）

5.1.3 功能布局

功能布局的意义在于通过全面的考虑，整体协调，因地制宜地安排功能区，使得各个功能区之间分布合理。一般来说，功能布局要解决的问题包括：出入口位置的确定、分区规划、构筑物与道路的布置、地形的利用与改造等。在综合考虑了用地特征和功能特点之后，还需要将具体的功能内容安排到具体的区域，功能常常是设计任务书提出的具体要求，必须得到保障，在快速设计中，从功能入手最容易把握。

每一个项目都要解决功能性的问题，有些问题的性质比较普遍，很难把它们罗列到空间图标中去，功能性限制通常是和场地的空间使用相关联的，而且也很容易制作成图表，这里重点讨论形式发展的问题，它们应该作为项目或者设计概要的一部分列出来，下面列出来的一些属于私人或者公共景观。

特定的活动区域：娱乐、玩耍、坐和放松、用餐、花草生长、教育、表演；

步行的交通循环：入口、布道、台阶区域、桥梁；

车行的交通循环：车道、回车、停车场；

焦点元素：水景、雕塑、标志、构筑物、植物等。

在设计发展阶段，使用抽象而又易于手画的符号很重要，能够快速地将它们进行重新配置与组织，帮助你集中精力做这一阶段的主要工作，即优化不同使用面积之间的功能关系，发展有效的环路系统，推敲一些设计元素如何更加有效地联系在一起，概念性的表示符号能够应用于任何比例尺的图纸中（图5-5）。

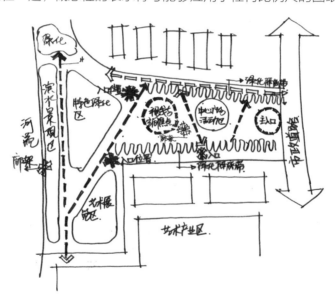

图5-5 功能分析图

布局是界定总体关系和结构关系的过程，它包括不同类型的功能组团之间的位置关系以及相互关系，不同类型的空间组团之间的位置以及相互的关系，不同类型的交通系统之间的位置关系以及功能、形式、交通、景观等要素之间的协调，需要在平时的训练过程中细致推敲，提出完整的设想，并通过具体的设计方案加以落实与体现。

就布局而言，功能布局、空间构成、形式组织、景观结构是设计或者规划的基本内容，必须要得到良好的体现。

5.1.4 景观结构

一个场地有其内部自身的构成关系，外部则要求与环境相联系，两者共同确定了景观结构。景观结构由节点、景观轴线、景区、景观序列组成一个点线面相结合的布局系统。景观结构是景观设计的骨架，对整个图面起到关键性的作用，好的景观结构与主体是对整体景观元素的把握，不合理的景观结构往往会导致整个设计的失败。

常见的景观结构风格如下：

（1）规则式；

（2）自然式；

（3）自然式与规则式相结合。

在整个设计中需要根据场地的设计情况灵活选择合适的景观结构，一般常见的考试题目中自然式与规则式相结合的用法比较多，而且灵活，一个作为主导，一个作为辅助。

5.1.5 节点与景观轴线

（1）节点：场地中重要的景点构成景观节点，体现该景区的主要景观特征，并具有控制作用。景观节点一般来说是观赏者的兴奋点或者是集合地，节点既是焦点也是连接点，景观设计中常常通过景观节点的连接、过渡实现景区的转换与联系，景观节点不同于标志物，它是一个场地概念，具有一定的区域与面积。景观节点设计一定要符合场地特征，与周边景观协调，同时各个节点之间应该存在一定的差异性。

（2）景观轴线：在快速设计中，要学会合理利用景观轴线，它是快速凸显景观结构的有效方法，对于控制整体结构很有帮助。景观轴线是生成秩序的重要方法，轴线有对称与不对称之分。但不管是何种结构，两边都是均衡的形式。对称轴线具有强烈的视觉冲击力，各种环境要素以中轴线为准分行排列，形成庄严大气的景观特征，适用于纪念性、主题性、庄重感强的场所。而不对称轴线主要是考虑景观单元的非对称性以及各个单元景观元素的均衡布局，统一中有变化，相对而言轻松活泼，也具备大场景的景观效果。

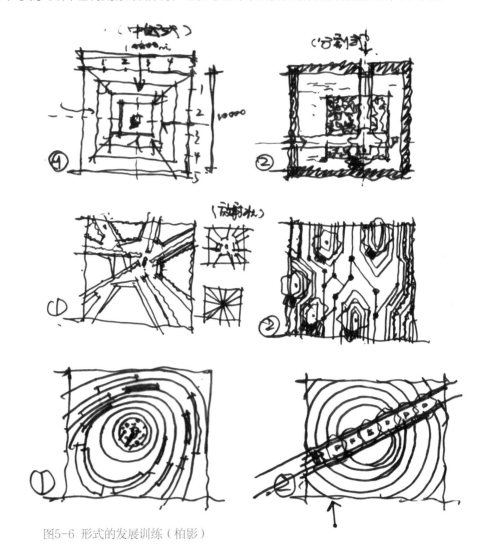

5.2 平面构成的形式与方法

设计思维的类型很多，如线形、规则形、放射形以及圆形等（图5-6），理想的设计思维不是纯粹感性的拼贴，也不是理性的推导，要善于利用脑海中的设计常识、自己的设计经验，以及他人成熟的设计方法案例来作为新方案的思维起点，在快速设计

图5-6 形式的发展训练（柏影）

中，需要高效成熟的设计思维方法，要做到这一点必须要有扎实的基本功，同时也要对设计思维的特点有一个深刻的理解与运用，设计无定法，以下所总结出来的一些设计方法也是根据日常进行的归纳与总结，不可以偏概全。

形式构成可定义为将一个功能泡泡图中的大体分区转化成具体的形式。形式构成是设计过程中关键的一步，因为它直接影响着整个空间的美观。大多数人如果没有在一个空间里居住或研究一段时间的话，他们就不能判定这个设计在功能上是否好用。

另一方面，人们对看到的形式反应迅速。通常，对一个设计是赞同还是反对，往往取决于由形式构成所形成的视觉结构。

泡泡图创造出其相互间在视觉上相联系的过程，每个区域在形式构成中将被赋予确定的位置和轮廓（图5-7）。

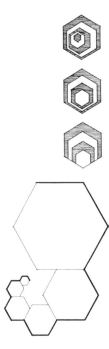

其他六边形的形态组合

相交

相切的边

形式的演变

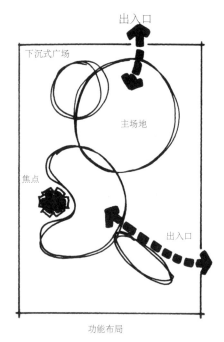

功能布局

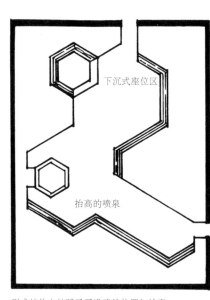

形式结构中被赋予了准确的位置与轮廓

图5-7 泡泡图

　　从概念到形式是一个反复修改组织的过程，那些代表概念松散的圆圈和箭头将变成具体的形状，可辨认的物体将会出现，实际的空间将会形成。

　　除了确定形式的边界以外，形式构成同时也形成了一个视觉主题。因为它是由某些特定形式经多次重复而形成的，所以它能产生一致感和整体形式。整体形式的一致性是景观设计中获得秩序的一个必要手段（如图 5-7 中六边形的形式构成）。

　　下面通过一个 10m×10m 的空间进行命题创意设计构思（图 5-8）。

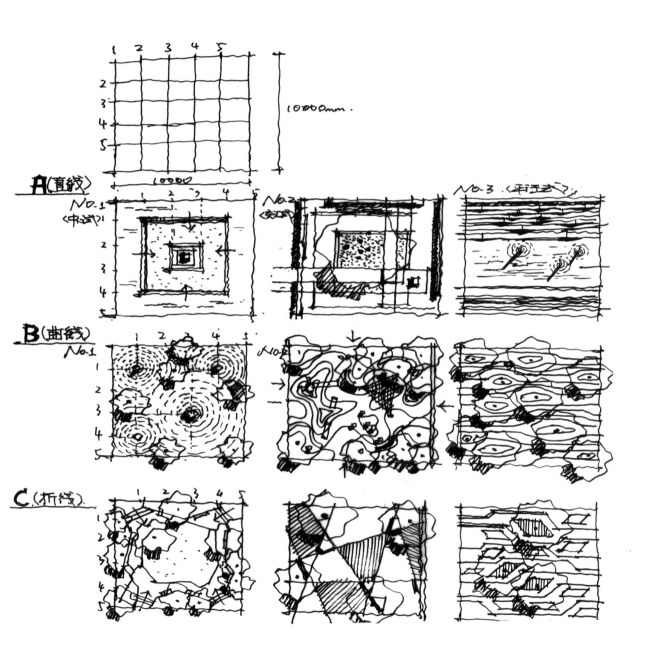

图5-8　10m×10m概念设计构思（柏影）

5.3 方案设计实战流程与方法

5.3.1 方案一：屋顶花园景观方案设计思维分析（图5-9 ~ 图5-12）

一、位置

　　某办公楼18层的一个小型屋顶花园，面积9m×16m的长方形布局。

二、设计要求

　　（1）为此屋顶花园打造一个现代化的景观空间、注重空间的变化；

　　（2）满足交流、休闲、观景需求。

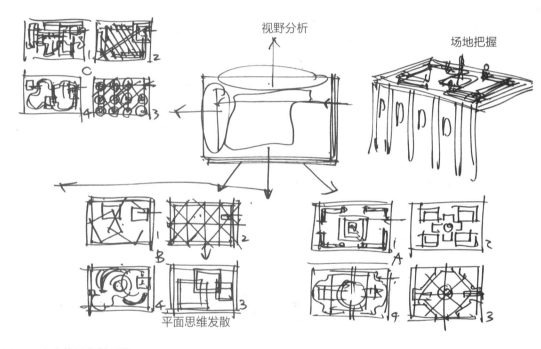

图5-9 方案构思发散思维

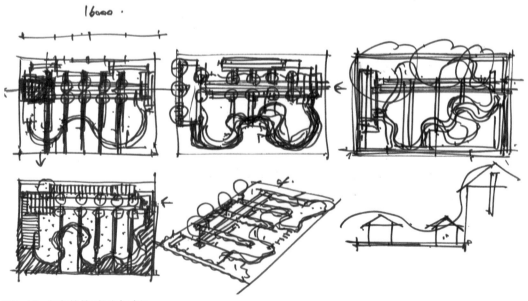

图5-10 方案的推敲形成过程

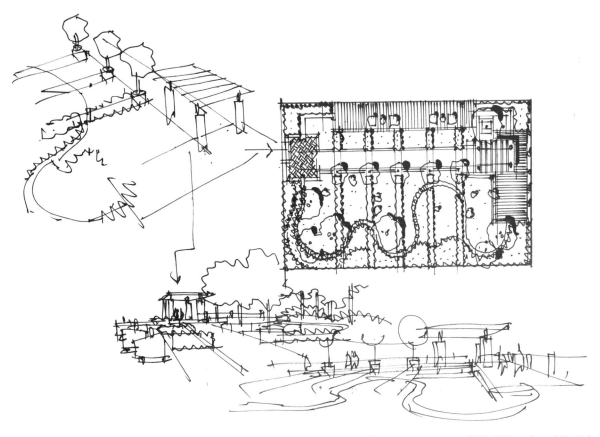

图5-11 在此方案设计中，运用曲线环绕直线构架，勾勒出简洁现代的花园空间，同时小品植物的搭配满足功能需求（王珂）

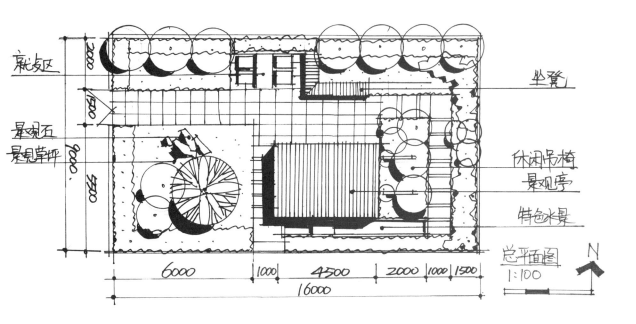

图5-12 该方案采用直线方块形态构成，形成大气开阔的庭院空间，功能布局与小品点缀相得益彰

5.3.2 方案二：别墅庭院景观方案设计（图 5-13 ~ 图 5-15）

一、位置

　　广州市番禺区某私家别院，整体面积约300m²，建筑风格为现代风格。

二、设计要求

　　（1）设计一个简约、富有时代气息的现代庭院景观、注重空间的变化；

　　（2）可以互动交流以及独享的专属空间，男主人迷恋高尔夫，女主人喜好种植花草；

　　（3）可以容纳10人以上的家庭以及朋友聚会的分享交流活动空间。

三、设计成果

　　总平面图；

　　剖面图；

　　透视图若干。

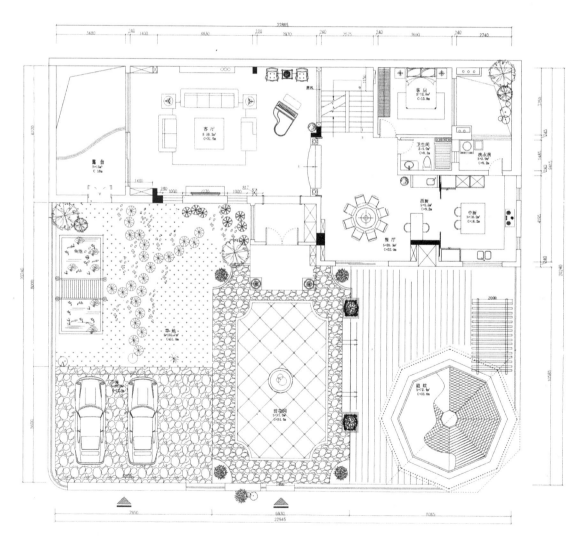

图5-13 原始地形图

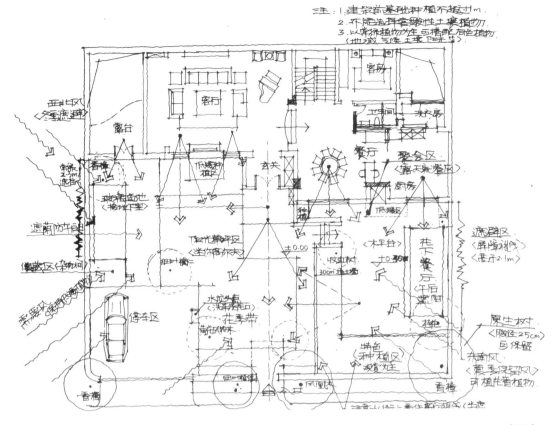

图5-14 设计分析图,根据实际的环境条件进行客观的分析,找出场地存在的问题与不足之处,通过设计的手段进行逐步解决

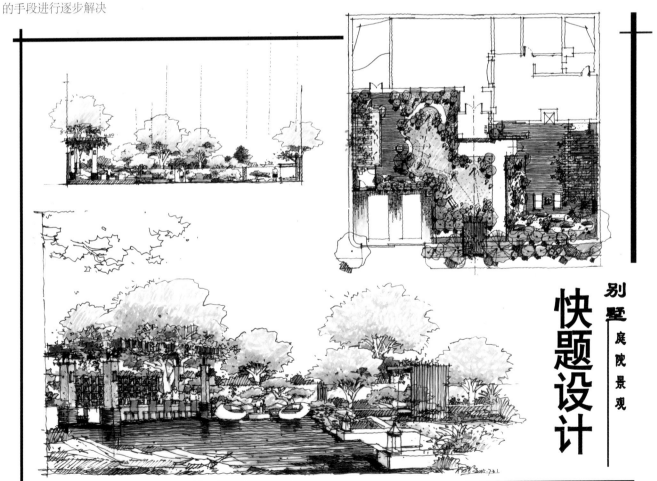

别墅庭院景观
快题设计

图 5-15 别墅庭院方案设计(柏影)

5.3.3 方案三：滨水公共空间设计

一、项目概况

　　河北省某城市新区，一条河流从城市新区中央穿过，河流两岸规划有连贯的滨河绿地，河流水位存在季节性变化，丰水期最高水位为 3.0m，枯水期最低水位为 2.0m，没有洪水，两岸已经修建垂直硬质驳岸。设计场地为整个滨河绿地的一个重要节点，总面积约 8.5km²，场地被河流分隔为南、北两部分。北侧毗邻小学和办公用地，南侧与城市道路、居住和商业用地相邻。场地内存在一定的高差变化，平面图中数字为场地现状高程。

二、内容要求

　　（1）场地为整个滨河绿地的一个重要节点，要考虑整个带状绿地的道路连通性；

　　（2）小学周围需要设计一个满足学生认知自然、生态探索、科普教育和动手实践的户外课堂区域需求；

　　（3）滨河绿地需要满足周边办公、商业和居住用地方便使用的功能需求，为附近白领和居民提供公共休闲服务空间；

　　（4）由于河流通航要求，可在不减少河道宽度的前提下，对现代垂直硬质驳岸进行适度改造，创造亲水休闲体验空间；

　　（5）在场地中选择合适的位置，设计一座茶室建筑和一座公共厕所。其中，茶室建筑占地面积约 200 ~ 300m²，建筑外表有一定面积的露天茶座。厕所建筑占地面积 100m²；

　　（6）水岸要设计有小型游船停靠码头处；

　　（7）场地内可根据需要设计一座景观步行桥，增强南、北两岸关系；

　　（8）设计必须考虑场地中的现状高程变化。

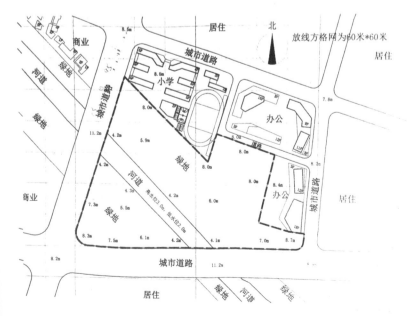

图5-16　原始条件图

三、图纸要求

　　（1）总平面图；

　　（2）立面图 1 ~ 2 张；

　　（3）透视节点图 1 ~ 2 张；

　　（4）鸟瞰图 1 张。

图纸资料说明：

　　设计范围为平面图中阻断线以内范围，方格网间距为 60m×60m。

　　设计成果如图 5-16 ~ 图 5-21 所示。

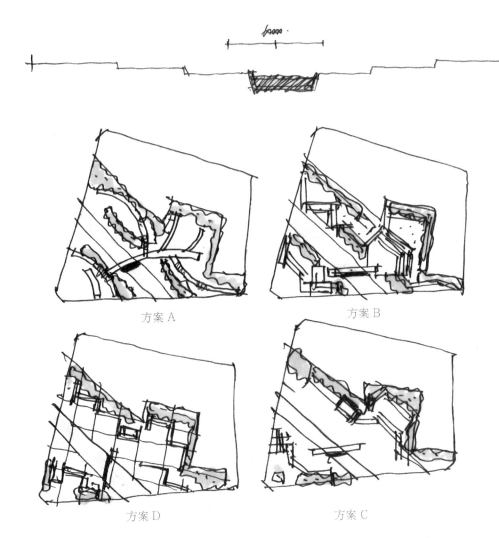

方案 A

方案 B

方案 D

方案 C

图5-17 根据条件功能等综合要求,在前期设计概念阶段大量绘制草图,激发设计灵感,记录设计思路,获得最佳的方案设计

图5-18 竖向结构分析

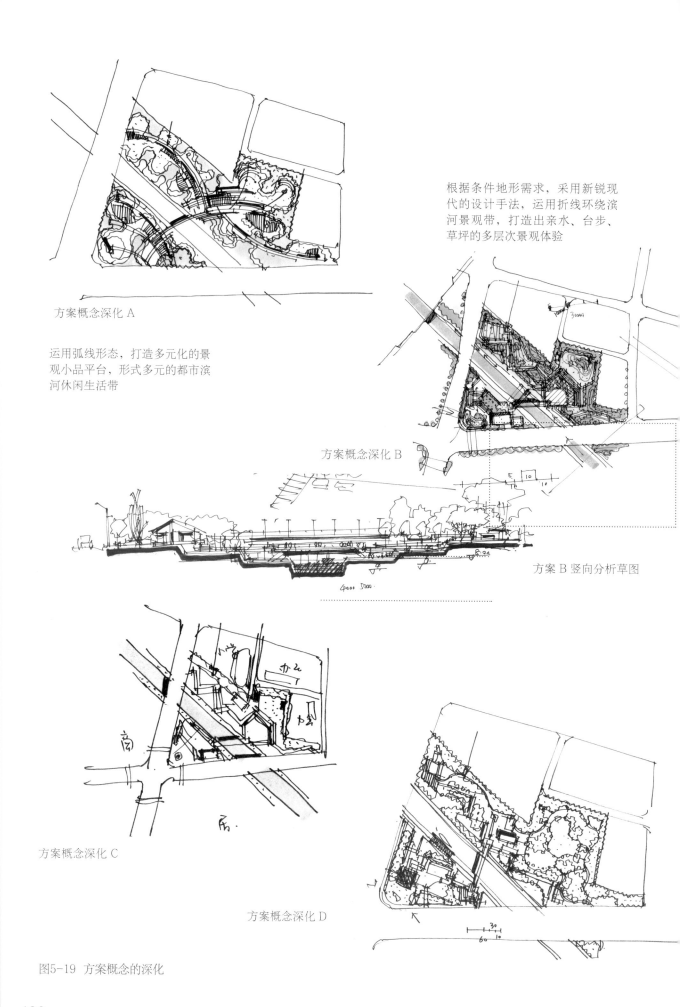

方案概念深化 A

运用弧线形态，打造多元化的景
观小品平台，形式多元的都市滨
河休闲生活带

根据条件地形需求，采用新锐现
代的设计手法，运用折线环绕滨
河景观带，打造出亲水、台步、
草坪的多层次景观体验

方案概念深化 B

方案 B 竖向分析草图

方案概念深化 C

方案概念深化 D

图5-19　方案概念的深化

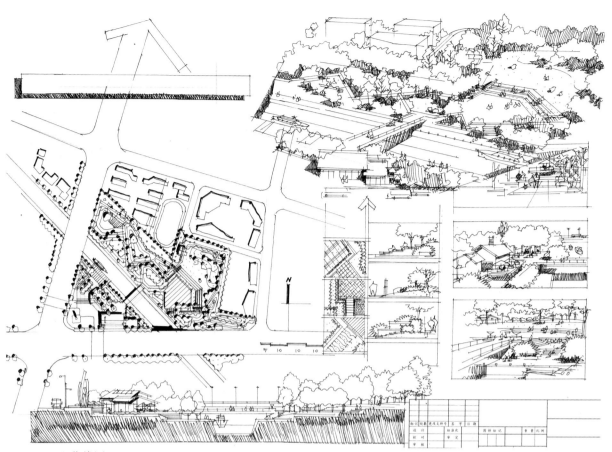

图5-20 深化线图

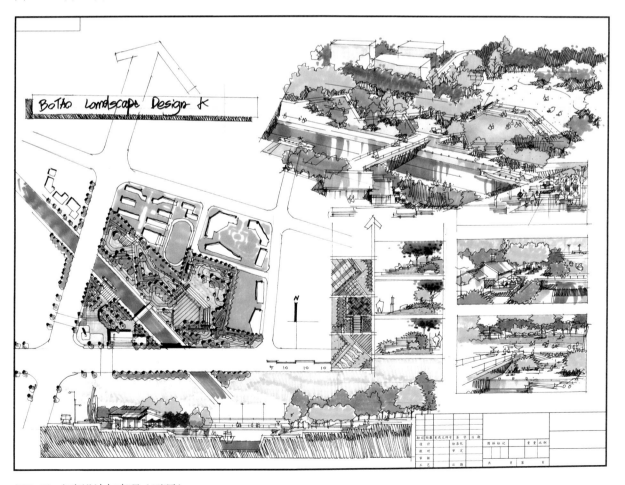

图5-21 方案设计与表现（王珂）

5.3.4 方案四：办公楼屋顶花园景观设计（图5-22～图5-27）

一、项目概况

　　屋顶花园位于建筑9层的位置，东、南面靠近湖面，有很好的景观资源，西、北面靠近教学楼等区域。有两个出入口的位置，中间为中庭天井，项目面积约为2000 m²。

二、设计范围以及内容

　　（1）设计范围详见地形图；

　　（2）屋顶花园景观概念方案设计。

三、景观设计要求

　　景观设计在整体风格上与建筑形式相协调，景观层次要丰富，利用设计手法创造出移步换景的效果，更好地考虑景观元素的布局与运用。

　　（1）利用设计手法营造一个具有现代感、艺术性的景观空间；

　　（2）创造一个可以工作交流、读书思考以及独享的专属空间；

　　（3）能够满足员工的休闲洽谈、娱乐，以及举办小型的分享交流活动的需求。

四、设计成果

　　总平面图；

　　剖面图；

　　透视图若干。

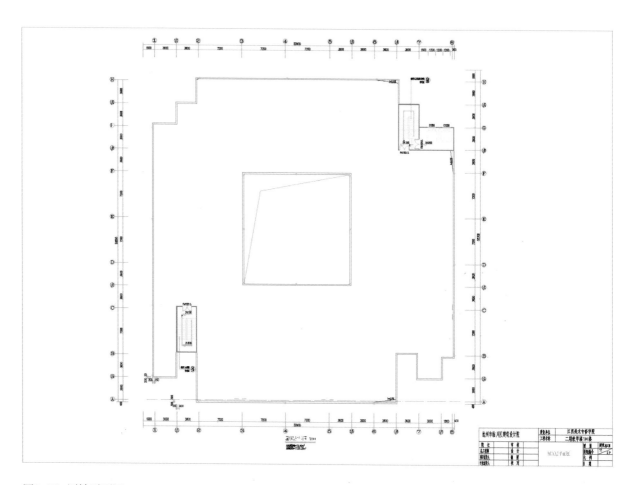

图5-22 原始平面图

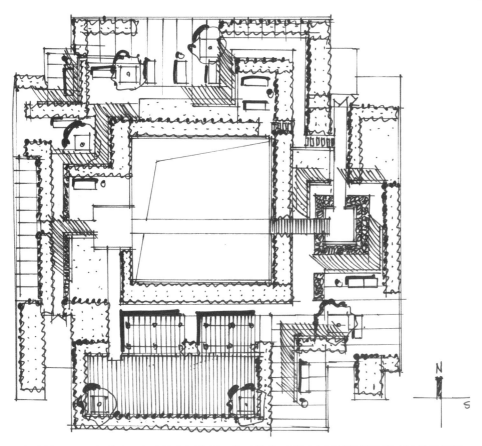

图5-23 办公楼屋顶设计采用围合式的空间布局，将天井等不利因素通过绿篱造景手法将其规避，
同时分割出多功能的休闲洽谈娱乐空间，景观艺术性等小品的设置也使该空间的艺术性大幅提升

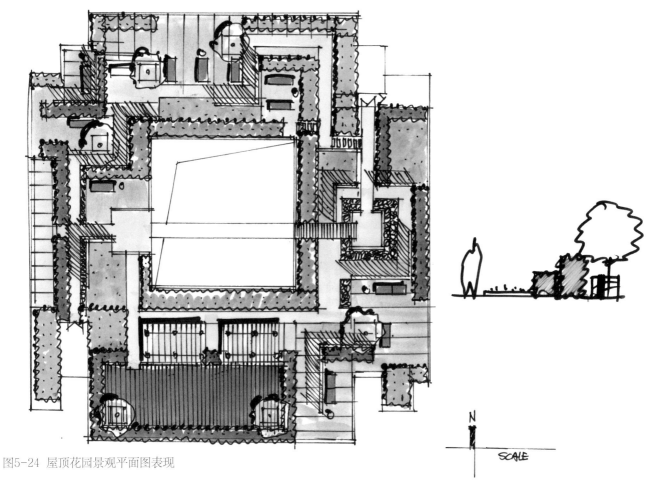

图5-24 屋顶花园景观平面图表现

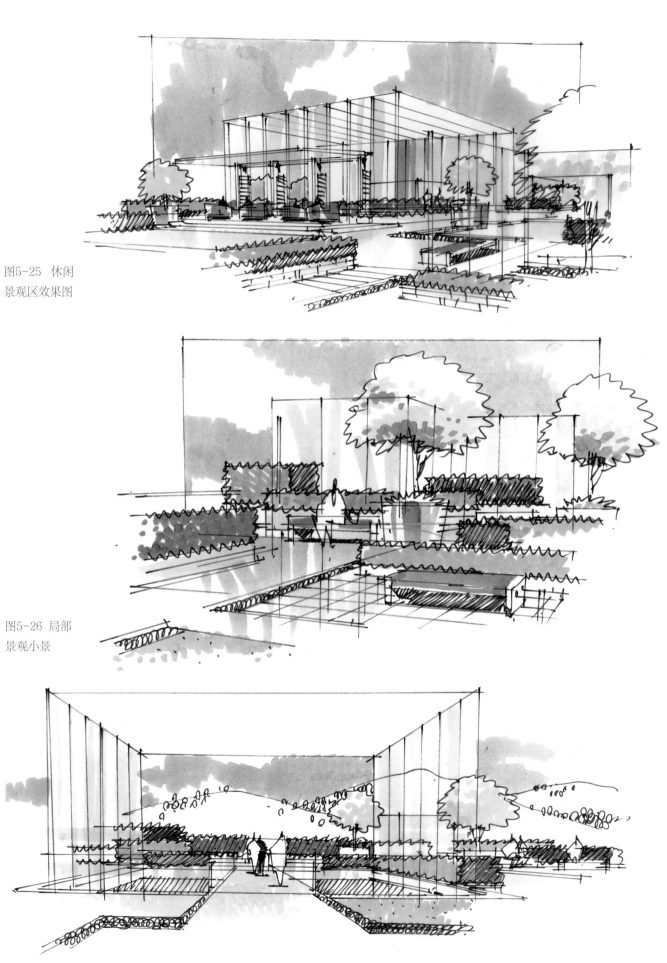

图5-25 休闲
景观区效果图

图5-26 局部
景观小景

图5-27 空中栈道景观效果图

5.3.5 方案五：高校教学区绿地规划设计（图 5-28 ~图 5-30）

　　要求对南京市某高校教学区绿地进行规划设计，该地块地势平坦，西侧有小水池一个，见图5-28，要求将该地块用地建成师生课余休息活动的场所，应充分考虑该地块地基特征和校园开放性绿地的基本要求，做到主题突出、功能合理、景观丰富、有文化品位。

一、规划设计要求

　　（1）主题突出、风格明显、有文化品味；

　　（2）功能合理、景色丰富。

二、图纸内容与要求

　　（1）总平面图主景；

　　（2）透视图若干（表现方法不限 ）；

　　（3）局部效果图若干。

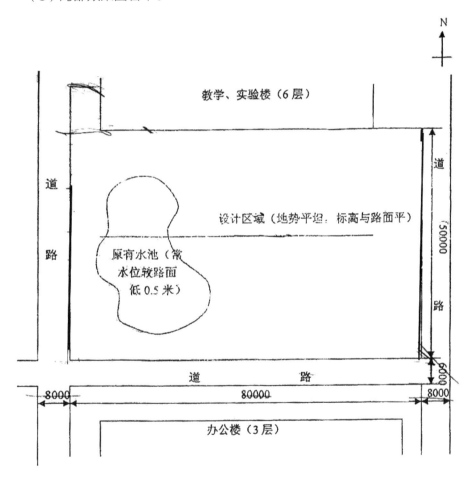

图5-28　原始图

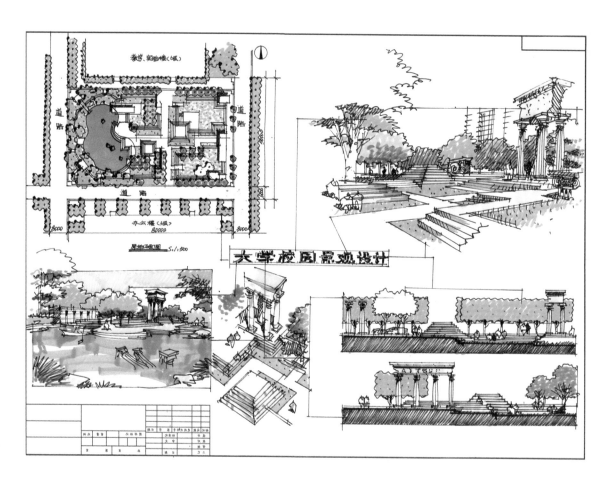

图5-29 校园
绿地方案设计
一

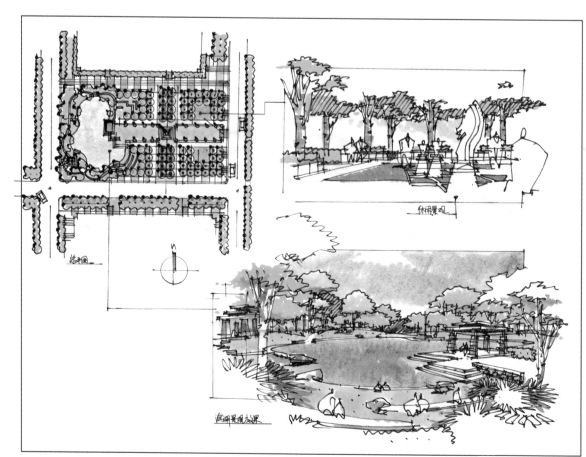

图5-30 校园
绿地方案设计
二（王珂）

5.3.6 方案六：深圳锦绣御园景观规划设计（图 5-31 ~ 图 5-41）

项目名称：深圳锦绣御园

设计公司：深圳市柏涛环境艺术设计有限公司

所在地：广东深圳

开发商：深圳市锦绣江南投资有限公司

景观面积：60000m²

锦绣御园位于正在蓬勃发展中的龙华新区中心位置，建成后将成为集居住、购物、休闲娱乐、餐饮、康体等功能于一体的中等密度综合性的商住楼盘，成为龙华新城核心项目。这个众所期待的项目将包括高层住宅、商业街与特色分点式社区会所，建筑与园林将以一种全新的方式展现现代人文社区。

在本案中，景观设计规划的根本思路，就是如何实现现代式建筑风格和当地浓厚的历史建筑传统间的完美结合。设计师要在这里打造一个同时满足美学需求与功能需求的居住环境，打造一个有质量的高档邻里生活社区。"岭南式"园林的概念完美地为本案定位，烙上了有别于其他一般房地产项目的醒目的文化印记。这不单是为了迎合龙华当地原居民的心理需求，同时也为年轻一代的置业者提供了沉淀深厚的人文价值。在设计策略方面，整体环境设计以简约大气为主，以传统岭南园林为参考，以现代园林的技术手法来体现，以保证园林环境能满足现代人生活方式对于居住环境的要求和感受。

景观规划呼应着建筑的现代主义与简约主义，豪华而大气的主入口设计，现代主义的无边际泳池与特色水景的打造，带给初入园区的人们一种无形的吸引力与亲切感。传统的具有中国式印记的造型或图案，不露声色地应用于景观设计之中，唤起人们对于中式庭院的隐性记忆。园区的中心位置是整个小区景观的亮点所在，泳池紧邻社区会所，茂盛的种植物筑成的绿色篱笆墙围绕着精心打造的特色水景，不远处的中式凉亭系中心景观带的视觉对景，修饰着这座整体优雅尊贵的岭南庭院。这些景观点的布置都为营造舒适而又私密的生活空间服务着。设计师在每一栋住宅的入户口前都设置有独立的小院子，这些小花园为每一栋的居民提供了独立的户外活动场所。凉亭、廊架、儿童游戏区等功能性设施合理地分布在园区，为人们的生活提供最贴心的服务。靠近小区次入口的是一片开放的草坪活动区，为社区中的老人与青少年提供了开放的户外活动空间。

锦绣御园，一个个性鲜明的人文居住社区，一个承载着现代岭南文化的新标签。

图5-31 总体平面图

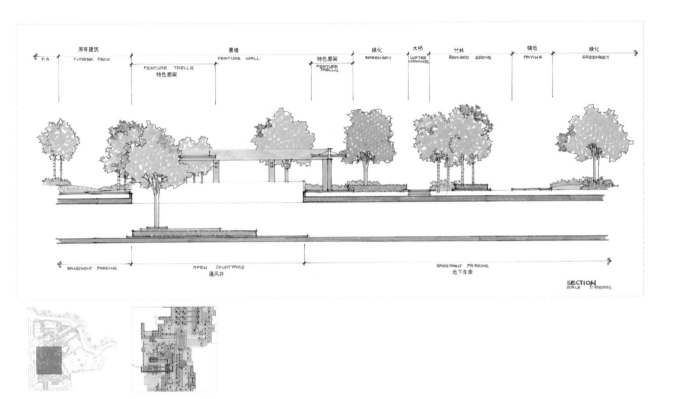

图5-32 景区主景观剖面图（带地下室景观）

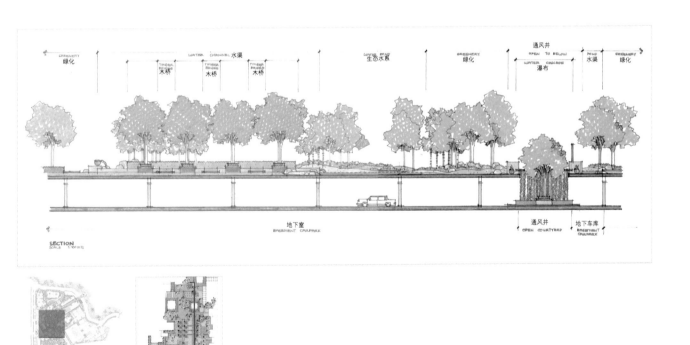

图5-33 景区主景观剖面图（带地下室跌水）

图5-34 小区次入口效果图

图5-35 小区节点效果图

图5-36 园区主景观效果图

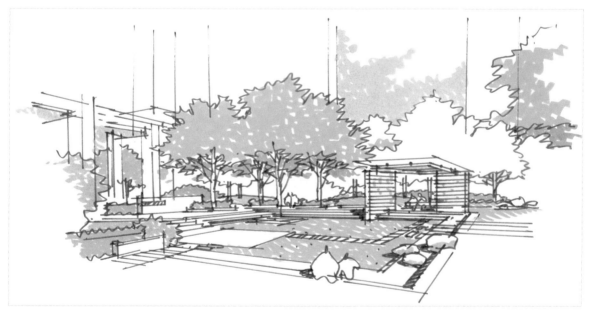

图5-37 草坪空间效果图

图5-38 小区园内空间效果图（景墙水景）

图5-39 小区主景观效果图（主廊架)

图5-40 小区主入口效果图

图5-41 外观效果图

第6章
作品欣赏

CHAPTE

图6-1 居住区景观设计草图

图6-2 儿童公园景观设计表现

图6-3 城市公园景观表现

图6-4 儿童活动区景观表现

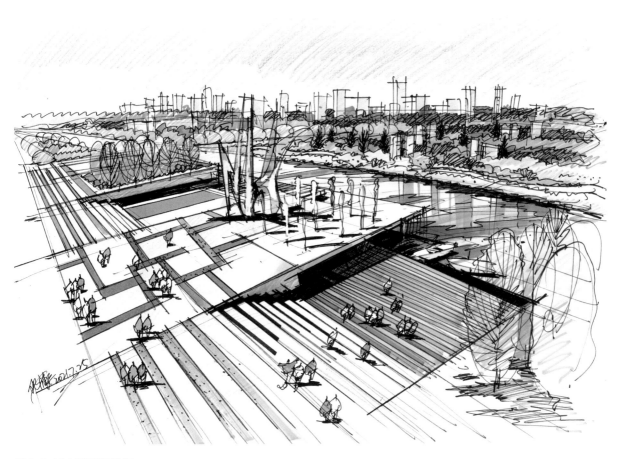

图6-5 城市景观鸟瞰图

图6-6 公园景观表现（邓蒲兵）

图6-7 城市展厅景观建筑设计表现

图6-8 儿童游乐区设计表现

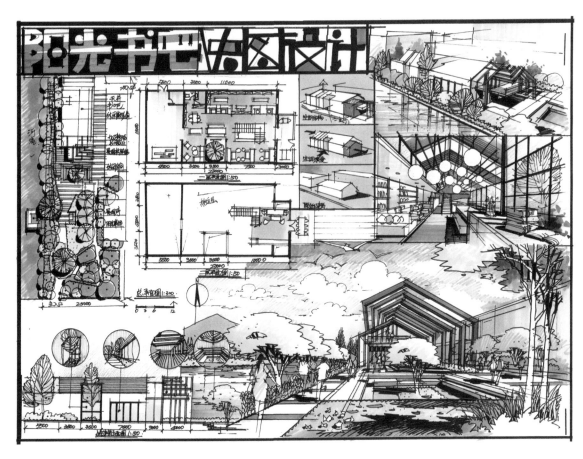

图6-9 校园书吧室内外设计表现（邓蒲兵）

图6-10 滨水景观效果图表现（邓蒲兵）

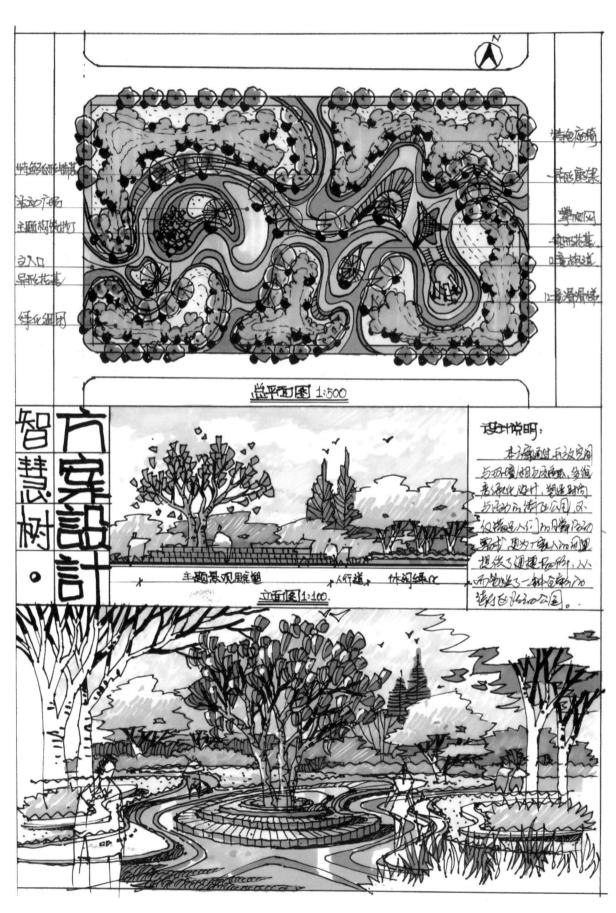

图6-11 城市公园景观设计

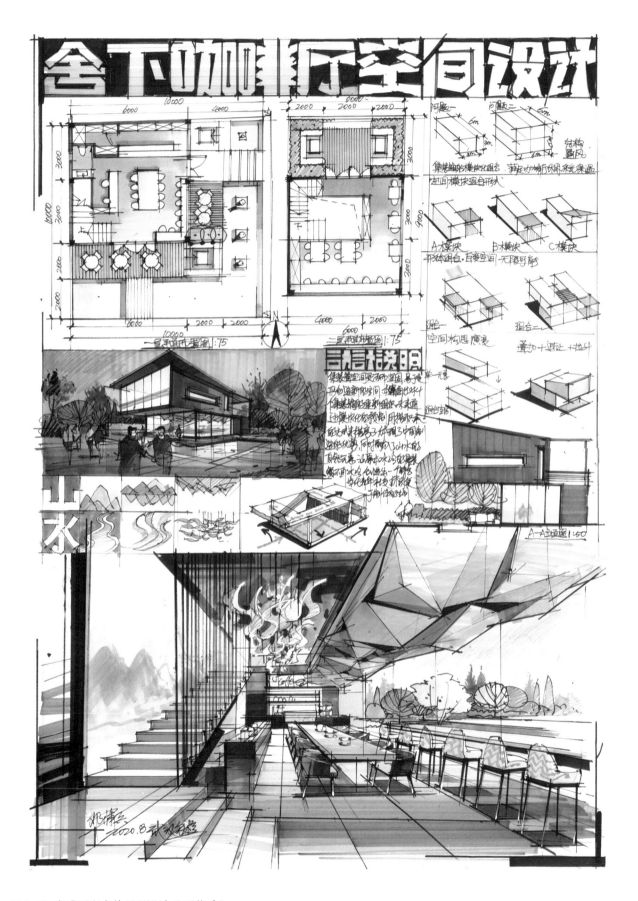

图6-12 咖啡厅室内外景观设计（邓蒲兵）

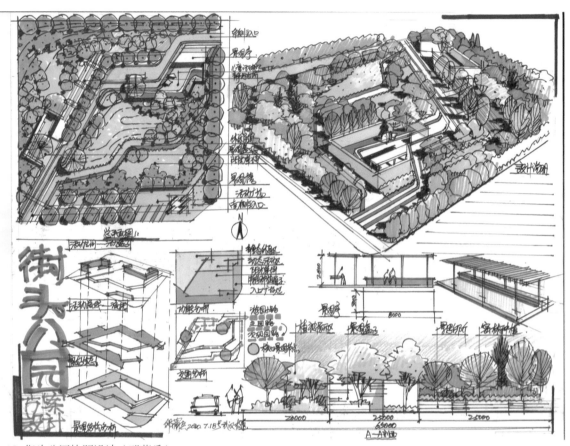

图6-13 街头公园快题设计（邓蒲兵）

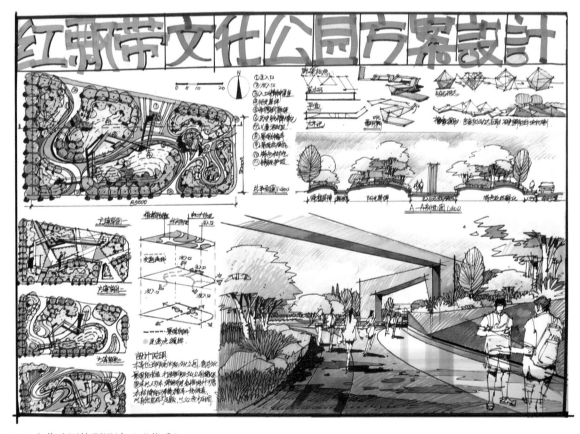

图6-14 文化公园快题设计（邓蒲兵）

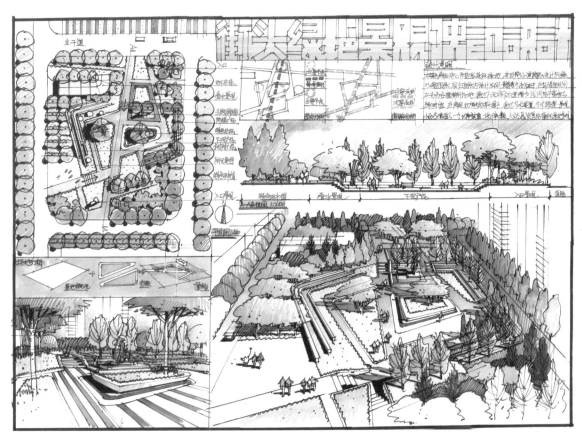

图6-15 街头绿地景观快题设计（秦志敏）

图6-16 售楼处休闲区景观设计（邓蒲兵）

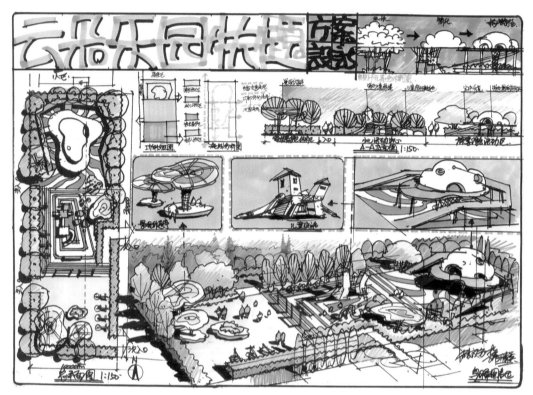

图6-17 儿童活动区景观设计表现（邓蒲兵）

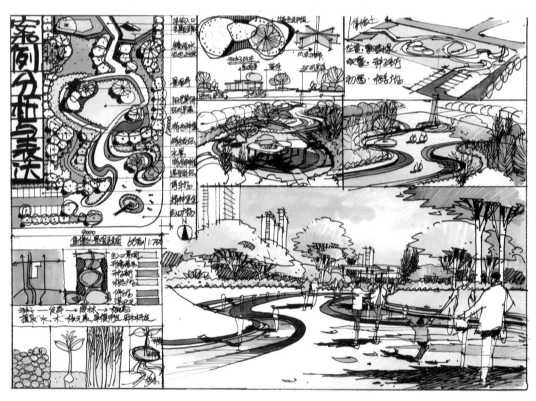

图6-18 展示区景观快题设计（邓蒲兵）